美国内战舰船大揭秘

联邦和邦联舰船的图解指南

【英】凯文 J. 多尔蒂（Kevin J.Dougherty）编著

张克正 齐慧博 柳春清 毕俊颖 张宇 刘学辉 张琪 陶睿 译

机械工业出版社
CHINA MACHINE PRESS

对于美国内战，人们可能主要记住它的是令人震撼的陆上战役，如葛底斯堡战役、马纳萨斯战役和希洛战役。而《美国内战舰船大揭秘》为人们展示了首次使用铁甲舰、潜艇和水雷的新型海战，并引进更新、更强大的海军火炮。这些冲突见证了螺旋桨驱动的河舰、蒸汽舰船、单桅帆船、巡洋舰的使用以及浅吃水战船的发展过程。

本书包含丰富的插图、翔实的战争背景描述及那个时代超过100艘战船的技术参数，是美国内战中一个易被忽略方面的具体指南。

Ships of the Civil War/ by Kevin J.Dougherty/ISBN: 978-1-4351-4592-4

图书在版编目（CIP）数据

美国内战舰船大揭秘 /（英）凯文·J. 多尔蒂 （Kevin J.Dougherty）编著；张克正等译. —北京：机械工业出版社，2017.5

书名原文：Ships of the Civil War

ISBN 978-7-111-57065-3

Ⅰ. ①美… Ⅱ. ①凯… ②张… Ⅲ. ①美国南北战争—军用船—介绍 Ⅳ. ①K712.43 ②E925.6

中国版本图书馆CIP数据核字（2017）第129374号

机械工业出版社（北京市百万庄大街22号　邮政编码100037）

策划编辑：李　军　　责任编辑：李　军　刘　煊

责任校对：郑　婕　　责任印制：李　飞

北京新华印刷有限公司印刷

2017年9月第1版第1次印刷

184mm × 260mm · 13.5印张 · 2插页 · 277千字

0001–3000册

标准书号：ISBN 978-7-111-57065-3

定价：99.90元

凡购本书，如有缺页、倒页、脱页，由本社发行部调换

电话服务	网络服务
服务咨询热线：010–88361066	机 工 官 网：www.cmpbook.com
读者购书热线：010–68326294	机 工 官 博：weibo.com/cmp1952
010–88379203	金 书 网：www.golden-book.com
封面无防伪标均为盗版	教育服务网：www.cmpedu.com

目录 CONTENTS

目录 CONTENTS

上图：内战见证了几项新技术的采用。这种水雷艇是在查尔斯顿邦联军队努力抵抗联邦军队紧密封锁时设计的。

引言

1861 年 4 月 16 日，也就是第一次萨姆特堡战斗发生六天后，亚伯拉罕·林肯总统颁布一项公告，宣布封锁从南卡罗来纳州到得克萨斯州的南方各州。4 月 27 日，封锁扩展到弗吉尼亚州和北卡罗来纳州。封锁的目的是孤立南方邦联政府与欧洲的贸易。然而，宣布封锁和使其生效是两件不同的事情。

联邦海军

当林肯就任总统时，美国海军总共有 90 艘战船。其中，22 艘战船无法正常使用，27 艘已退役。在役的军舰仅剩下 41 艘。海军防卫装备如此匮乏，而且沿着波托马克河口到格兰德河口之间的邦联海岸线长达 5711 千米，有 189 个港口和河流入海口，很明显，重点关注该问题是必要的。

负责确定对南方邦联封锁策略的是 1861 年 6 月海军部长吉迪恩·韦尔斯创建的封锁委员会，其目的是研究进行封锁的方式，以及采用合理的封锁方法来提高其效率。塞缪尔·杜邦主持委员会，并把它作为一个有效的规划联邦海军战略的途径。

即使韦尔斯现在有一个策略，他仍然面临着建设基础设施来实现该策略的艰巨任务。首先，他购买下几乎每一艘能够转换为运输船或战船的商船。他签订了八艘用于战争的单桅帆船的合同，签订“90 天炮艇”的合同，准备让它们只服役 3 个月（也许战争就结束了）。他保证了 39 艘航行于内河流域的明轮蒸汽机船迅速完工，而且还建造了铁甲舰。通过这一系列的措施，到内战结束

左图：1862 年 3 月的汉普顿港之战是铁甲舰首次正面交锋，交战双方是联邦军队“莫尼特”号和邦联军的“弗吉尼亚”号。

上图：蒸汽动力让船只不必再受风向、风速及水流变化的限制，联邦海军可以开着图中这样的炮艇，沿着内河深入到邦联军的腹地。

时，美国海军已经是世界上最有实力的海军之一，拥有 671 艘现役舰。

1861 年到 1865 年间，联邦海军军官的人数从 1300 人增长到 6700 人之多，与此同时，招募的士兵数目也从 7500 人急速发展为 51500 人。战争期间，海军军费的支出也增长为原来的十倍，从 1200 万美元增长到 1.23 亿美元。成功建造这支强大的舰队是北方相比于南方在规模上、工业上、资金上具有明显优势的证明。

联邦海军的发展得益于它的八所海军船厂。内战爆发的时候，位于华盛顿特区、宾夕法尼亚州费城、纽约州纽约市、马萨诸塞州波士顿、新罕布什尔州朴次茅斯以及加利福尼亚州马雷岛的海军船厂处于联邦的掌握之中。在弗吉尼亚州诺福克和佛罗里达州彭萨科拉的两所船厂主要是由邦联军掌控，不过很快就重新回到了联邦手中。联邦海军还在伊利诺伊州的开罗设立了一个海军仓库，在马里兰州的巴尔的摩设立了一个海军维修补给站。很快，这些地方就全面启用。被联邦军占领的南方港口，也都为他们所用，比如路易斯安那州的新奥尔良和南卡罗来纳州的罗亚尔港。联邦政府的造船厂在战争中得到了一定的发展，而大多数邦联的新战船都是在私人工厂建造的。这让战斗力本就低下的南方邦联军更加相形见绌。

韦尔斯还进行了机构革新，以便促进海军的建设。除了封锁舰委员会，他还启用了别的机构，比如铁甲舰委员会。

他还新设了海军副部长一职，由古斯塔夫 ·

上图：很多年轻军官在内战中领导了联邦海军，大卫 · 波特上将便是其中之一。

福克斯担任。韦尔斯还征得了国会同意，将海军的机构部门增加到八个，这些机构可以处理船坞码头运营、征兵、航海、军需、建设和维修、发动机工程、日常供应以及军事医疗等相关问题。还有督察委员会，可以裁退不合格的人员，提拔可用之才，都以个人能力为准。

海军的军衔也更加系统规范，还增加了少尉、少校、上校、少将和中将这几个军衔。1869 年韦尔斯离任，此后多年内，他的很多行政改革仍在沿用。特别值得注意的是，海军在韦尔斯的领导下，实现了发展和改革，而且基本没有渎职和腐败的情况出现。

约有 118044 名士兵在内战中为联邦海军服役。根据一项调查显示，这些士兵的平均年龄是 26 岁，比同时期的陆军士兵年龄要大得多。这些士兵大部分是东部人，主要来自纽约、马萨诸塞和宾夕法尼亚。他们基本上都是城里穷人家庭出身，行为十分粗鲁，而且并没有作为军人应有的战争使命感。

他们加入海军更多是因为这里衣食无缺，而不是因为他们爱国。约 45% 的士兵是外国人，这些人主要来自爱尔兰。黑人约占海军总人数的 16%，而船员里也是各色人种混杂。

韦尔斯很幸运，他手下的很多军官，在战前就已经是军功卓著的人物了。杜邦在同墨西哥作战时积累了宝贵的封锁战经验。大卫 · 法拉格特是首个被授予中将军衔的军官，他 1810 年加入海军，当时年仅 9 岁，1812 年就参与了作战。其他像大卫 · 波特等，虽然没有太多战争经验，但也是才华横溢、前途无量。

海军在内战中为联邦做出了巨大贡献。强大的舰队可以把联合部队送往邦联绵长海岸线上的任何地点来发动进攻，这让本来就不多的邦联守军更加疲于奔命，自顾不暇。联邦的严密封锁隔断了外来物资对邦联的援助，也切断了它的对外棉花贸易。在强劲蒸汽动力的帮助下，联邦军可以在邦联的内河以及腹地用兵，最后联邦军控制了密西西比河，将邦联拦腰截断。尽管陆军的胜

下图：虽然没有正式的规定，陆军和海军还是会开展联合行动，例如进攻阿肯色河海恩德曼要塞的行动。

上图：联邦海军的水兵们很能吃苦。巡逻船上的水兵要在极其艰苦的环境中工作，如图中的“索格斯”号。经常一艘小船上要塞进 150 人。

利最终奠定了联邦的胜局，但是海军的助力，是联邦得以取胜的一个更为关键的因素。

邦联海军

南部邦联海军部长斯蒂芬 · 马洛里负责来组建邦联海军，这个任务对他来说简直比登天还难。刚开始的时候，邦联海军一艘船都没有，只有退出联邦的几个州上交的五艘船，后来邦联海军逐渐发展到了 130 艘船。即便如此，邦联缺少建造船舶的工厂，没法跟上联邦海军的发展速度。联邦军凭借强大的海军，掌控了邦联的海岸线，而且还能驾着汽船，通过像密西西比河这样的大河，深入到邦联腹地。面对这一威胁，邦联海军可以说是无能为力。

按照马洛里的设想，整个邦联海军几乎都要用来抵御联邦的封锁。为此，他制定了双管齐下的策略，要建造或购买一批强大的舰艇，在质量上要胜过联邦船只，用以正面迎击封锁舰。他对妻子说：“我们这里每造出一艘船，联邦就能造出一百艘船，我的策略就是建造一批坚不可摧的船只，这样才能弥补我们数量不足的劣势。”

因为邦联本身缺乏造船的能力，马洛里便寄

上图：1862 年 2 月，联邦军攻占了亨利要塞，这是联邦军早期的一场胜仗，也说明邦联军在河上不堪一击。

上图：1862 年 3 月 8 日，铁甲舰“梅里马克”号在弗吉尼亚州纽波特纽斯附近海域击沉了“坎伯兰”号。因为邦联的舰只无法与联邦的巨型木船相匹敌，他们便使用了铁甲舰，以期扭转战局。铁甲舰成功击沉了一艘大型帆船，显示了这一新武器的巨大潜力。

上图：建造“斯托恩沃”号是邦联为提高有限的船只生产能力所做的举措之一。

希望于詹姆斯 · 布洛克，希望他能博得英国对邦联的同情支持，允许他们使用那里的船厂。布洛克成功为邦联建造了四艘船：“谢南多厄”号、“佛罗里达”号和“阿拉巴马”号是在英国建成的，“斯托恩沃”号是在法国建成的。但是，在国外造船耗时持久，而且具有不确定性，所以马洛里还是采取一切措施，尽可能地在本土造船。他把希望主要放在了铁甲舰上，当然这种船不负所望，对联邦的木质船具有极大的破坏力。内战中，邦联总共筹建了 52 艘铁甲舰，最终建成了近 30 艘。对于邦联有限的资源来说，这是了不起的成就，但是南方船厂造出来的这些铁甲舰充其量不过是武装的移动炮台，除了防守港口外并没多大作用。

在邦联海军的组织机构建设上，马洛里仿照了联邦海军的传统和规定。他也开设了“办事处”这一机构，比如“日常供应办事处”或者是“政策及咨询办事处”。官兵的薪饷也与联邦相仿。邦联海军甚至还沿用了联邦的一个习俗，每天给每个在编的官兵分配约 0.25 升的含酒精饮料。

马洛里手上什么资源都缺，就是不缺军官。但这样也就出现了一个问题——经验丰富的资深军官太多了，而领导岗位却太少了。像约西亚 · 塔特纳尔和富兰克林 · 布坎南这样曾经在战前领导过海上舰队的军官，此时却只能争抢几艘改装过的拖船和河船。虽然邦联陆军的官兵经常能得到晋升，但是海军的大多数人打完仗之后的军衔还跟刚参战时一样，或者是最多晋升过一次。

1863 年 5 月，马洛里进行了一次巧妙的创新，他创建了一整套新的海军服役体系，叫作“邦联临时海军”。所有在编的人员都自动转入这一体系，军官上任之后需要总统任命。这一机制让马洛里得以选拔有前途的年轻军官，而官兵可以靠能力得到晋升而非仅凭资历。

马洛里并不需要担心海军会人满为患。邦联海军人数最多的时候是 4500 人，其中至少有 25% 的人根本不符合要求，海军的平均人数大概在 3000 人。因为南方人向来很少有从事海上作业的，所以适合加入海军的人数就比较少。有人身自由的黑人只要得到当地舰队指挥官或海军部的允许便可加入海军，奴隶若是经过主人同意，也可参军。虽然具体数字不详，但有相当数量的黑人曾在邦联海军中服役，他们有的是运煤工、乘务员，还有极少数成了技艺高超的领航员。

成百上千的平民野心家开始穿越封锁线做生意，他们运着货物进出封锁线。这既满足了邦联对外来物资的需求，也为他们赚得了丰厚的利润。

穿越封锁线的人有这样几个优势。执行封锁任务是非常单调和枯燥的，联邦士兵不可能时时保持警惕。因此，他们便利用这一弱点，抓住联邦船只不留意的机会，出其不意地穿过封锁线。而且这些人大多对复杂的邦联海岸地形了若指掌，他们知道如何利用地理优势来完成任务。

下图：联邦的大工厂生产了不计其数的船只，例如铁甲舰“圣路易”号。

上图：蒸汽动力和改良火药的使用，推翻了原先的假设，即陆地上一门火炮的火力抵得上船上的四门火炮。图中，联邦船只正冲过莫比尔湾上的摩根要塞。

而且联邦的封锁舰也不可能无处不在，所以封锁线穿越船只要找到封锁线的漏洞，就不会被发现。成功的机会和丰厚的利润吸引了五花八门的船只加入这一行列。

邦联还试图用水雷来压制联邦海军。水雷可以通过与船只直接接触引爆，或是由岸上控制器发出的电流引爆。在邦联的莫比尔湾和查尔斯顿港守卫战中，水雷是作为正规防御武器使用的，而在守卫河道的战役中，就用得比较随意了，特别是在守卫密西西比河支流的战斗中。

总之，南方邦联历尽艰难创建海军，这是了不起的成就，但是跟联邦的海军相比，还是相去甚远。邦联领土上有绵长的海岸线和数不清的河流，联邦海军可以随意发动袭击，而弱小的邦联海军只有能力守卫个别地方。虽然创建时付出了巨大努力，但邦联海军取得的实质性成果很少。

上图：大卫 · 法拉格特上将是联邦海军中老一辈的战争英雄，图中他正站在“哈特福德”号的主桅上观察莫比尔湾。

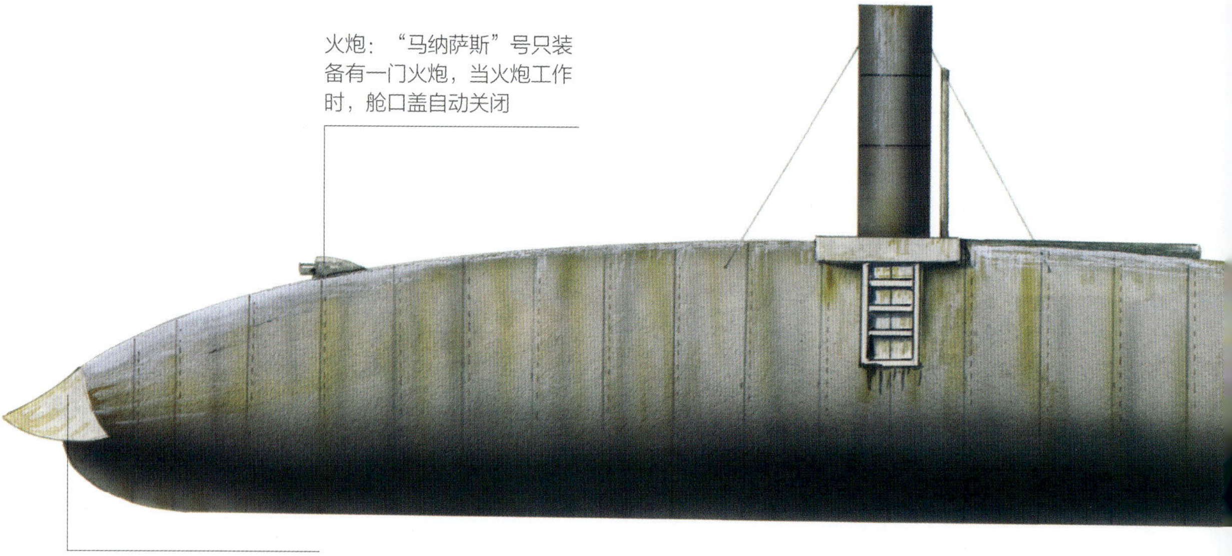

铁甲舰

邦联海军“马纳萨斯”号（1861）

“马纳萨斯”号铁甲舰是从一艘私掠船开始它的战船生涯的。商人约翰·史蒂文森通过购买一艘新英格兰地区的破冰船“伊诺克列车”号（Enoch Train）来筹集资金，这也是最初使用这艘船的意图和目的。这艘船最初是 1855 年由詹姆斯·柯蒂斯在马萨诸塞州的梅德福建造的双螺旋桨拖船。

新奥尔良的造船工人把“伊诺克列车”号的船长从 39 米加长到 44 米，船宽从 7.9 米拓宽到 10 米，型深从 3.8 米加深到 5.2 米。为了建造 6 米长的坚固结实的船首，造船者又大量使用了 432 毫米的横梁对船舶进行了重建。工人们在木材的外面覆盖了一层薄铁板，使得船舶暴露在外的部分具有防弹功能。这一措施让船舶看起来奇形怪状，有点像海龟或鸡蛋。为了纪念联邦军队在马纳萨斯的胜利，官方正式为这艘船重新命名为“马纳萨斯”号，在此之前当地人都通俗地称

铁皮：橡木的露天甲板外覆盖一层 38 毫米厚的铁板

它为“海龟”。

“马纳萨斯”号能承载 33 名船员，但是仅有一门 32 磅的固定火炮。由于“马纳萨斯”号的主要武器是水下的撞击装置，利用该撞击装置可以把联邦海军木制战舰的舷侧撕开破洞，所以这个火炮在大多数情况下是个多余的武器。联邦海军将领大卫·波特称它为“铁角船”。

冲角的首次应用

随着联邦战舰在新奥尔良附近集结，邦联海军准将乔治·霍林斯从史蒂文森手里征用了“马纳萨斯”号，并在 1861 年 10 月 11 日把它编入战斗序列。在海德隘口由船长约翰·波普领导的联邦舰队出人意料地开始集结，为了对抗联邦舰队，霍林斯组建了一个小型舰队，该舰队由上尉亚历山大·沃利领导的士兵和其他舰队的志愿兵组成，舰队则由“马纳萨斯”号以及六艘只有少量武装的河船组成。

10 月 12 日清晨，“马纳萨斯”号在联邦海军“里奇蒙德”号的船体外板撕开了 127 毫米大的破洞，此事件标志着铁甲冲角在战争时期的首次使用。此次碰撞使得“马纳萨斯”号的一台主机失灵，因此无法再对其他战船实施攻击，最后它被迫在海滩处搁浅。

一直到上午 8 点钟，恐惧和惊慌失措的情绪席卷了整个联邦舰队。波普下令“继续前行”，然而此命令却被误读为“弃船”，接下来的仓皇撤退被称为“波普出逃”。波特宣称此事件为“美国海军史上最滑稽的事件”。不可否认，“马纳萨斯”号对于“里奇蒙德”号的此次攻击在许多联邦军官心里留下了恐惧的印记，引发了所谓的“冲角热伤风”恐惧症。不论如何，“马纳萨斯”号对于新奥尔良的城市防御起到了些许的帮助，直到 1862 年 4 月 24 日海军将领大卫·法拉格特发起总攻，联邦军才最终占领这个城市。

技术参数：

排水量： 351 吨

主尺度：
44 米 ×10 米 ×5.2 米

武器装备： 一门 64 磅火炮

装甲： 38 毫米厚钢板，船首部用木材填充

主机： 蒸汽机

航速： 未知

船员定额： 36 人

邦联海军“阿肯色”号（1862）

1862 年 5 月，南方邦联海军“阿肯色”号仍然是一艘正在田纳西州孟菲斯市建造的带有冲角的铁甲舰，此时北方联邦部队正在逼近该城市。为了逃脱追捕，“阿肯色”号被沿着亚祖河拖航到密西西比州亚祖城，在亚祖城它的建造工作继续进行。利用更多的独创力和想象力，中尉艾萨克·布朗使得“阿肯色”号在大约五周后投入了运营。

7 月 15 日，布朗驾驶着“阿肯色”号沿着亚祖河向维克斯堡航行。由于船舶吃水是 4 米，而河流的水位还在下降，所以此次航行要和时间赛跑。祸不单行，在“阿肯色”号航行到下游时船舶的锅炉发生泄漏，并且导致了其中一个火药库被淹没。此刻，联邦海军获悉了“阿肯色”号的行踪，紧急调遣炮艇“卡龙德莱特”号和“泰勒”号，以及冲角舰“西方女王”号去具体探查。在这次遭遇战中，“阿肯色”号重创了这两艘炮艇，然后继续向着密西西比河航行，在密西西比河沿

船尾：保证“阿肯色”号的快速性：瘦削的尾部形线使得水流能够在尾部迅速闭合。

袭击维克斯堡

7月22日，在维克斯堡“阿肯色”号遭到“西方女王”号和铁甲舰“埃塞克斯”号的袭击。布朗把“阿肯色”号船首转向外，摇摆着逐渐远离岸边，看起来目标越来越小因此没有严重受损。然而，邦联海军仍然阵亡7名战士，6人受伤。两艘联邦海军战舰保持完整，但是在指挥官大卫·波特取消这次攻击之前也受到损伤。“埃塞克斯”号被攻击了42次。

紧接着“阿肯色”号又接到海军少将约翰·布雷肯里奇的命令去驰援邦联海军，他试图重新夺回路易斯安那州首府巴吞鲁日。在此次行动中，8月6日“阿肯色”号在与“埃塞克斯”号的交战中遭受到了激烈的炮火攻击。布朗驾驶着“阿肯色”号靠近岸边，为了避免被俘获又将它炸毁。有一种说法，认为该船沉没于靠近路易斯安那州密西西比河西岸的一个地方。

岸“阿肯色”号在联邦舰队的严密封锁中杀出了一条血路。在此次遭遇战中，布朗宣布“秉着宁可挫伤友军也不放过一艘敌舰的原则，可以在任何情况下开火。”

尽管如此，邦联海军不可避免地也受到了损失，布朗头部受到了两处创伤，“阿肯色”号的锅炉连接到烟囱的管路遭到了一处创伤以及多处穿透装甲的创伤。战争的最后统计，邦联海军有12名战士阵亡，18名受重伤，同时联邦海军阵亡17名战士，42名受重伤。一艘联邦战舰已经报废，联邦海军中的每一艘木制战船至少遭受到一次攻击。对于邦联海军仅有的一艘铁甲舰来说，这是一场颇具戏剧性的战役胜利。联邦海军将领大卫·法拉格特非常愤怒，指责联邦海军部队在此次战役中的表现，并将此战称为“战争中最难以启齿的海军战役”。

技术参数：

排水量：725吨

主尺度：
50米×11米×3.5米

武器装备：
两门203毫米哥伦比亚式火炮布置在船首左舷；两门163毫米布鲁克火炮布置在船尾左舷；两门163毫米布鲁克火炮、四门203毫米达尔格伦滑膛炮布置在船侧左舷

装甲：
炮塔：紧固在木材和压缩棉上的铁板；
操舵间：51毫米；顶部：25毫米

主机：双螺旋桨驱动

航速：8节

船员定额：232人

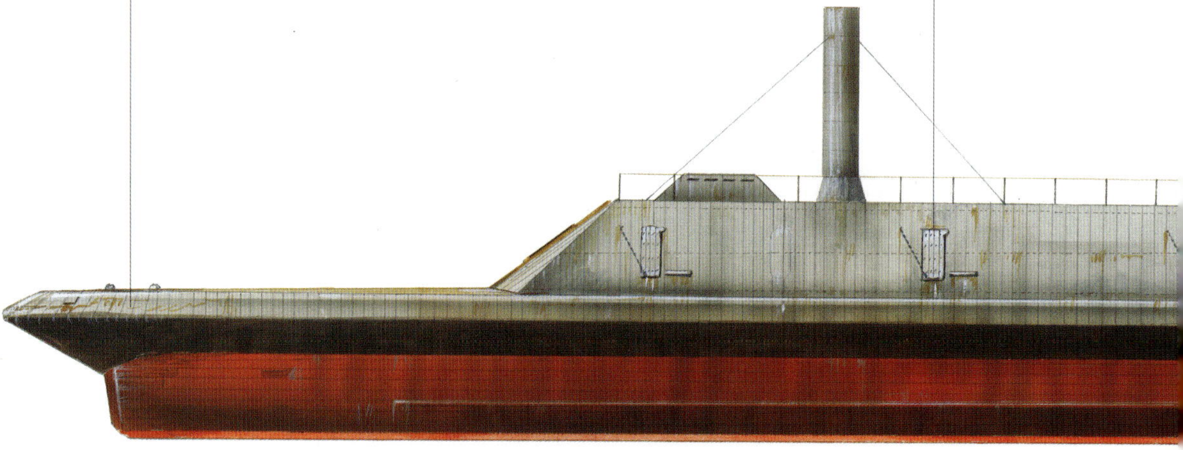

邦联海军“亚特兰大”号（1862）

邦联海军“亚特兰大”号最初在苏格兰的格拉斯哥进行建造，于 1861 年 5 月作为一艘蒸汽商船“芬戈尔”号下水。一位极具魄力的邦联海军官员詹姆斯·布洛克在英格兰买下了这艘船，装满了备品，在 1861 年 10 月 15 日到达了百慕大。

从百慕大启航，“亚特兰大”号冲破了联邦海军的封锁于 1861 年 11 月 22 日抵达了佐治亚州的萨凡纳。它为邦联军带来了具有巨大价值的恩菲尔德步枪，上百万发的子弹，两百多万个雷管，成千上万把军刀、刺刀、步枪以及左轮手枪，10 门膛线炮和弹药，以及各式各样的医疗补给。

紧密的封锁线阻止了“芬戈尔”号重返英格兰的路线，因此它被阿萨和纳尔逊·蒂夫特减少了排水量，重建为一艘 912 吨的铁甲冲角舰船。该舰船总长 62 米，由三个螺旋桨驱动，船员人数

145 人。它引以为傲的是两门 178 毫米口径的布鲁克火炮和两门 163 毫米口径的帕罗特火炮，以及位于船首部的杆雷。

1863 年 6 月 17 日，邦联海军司令威廉·韦伯率领“亚特兰大”号驶出威尔明顿河，参与同联邦海军“纳罕”号、“威霍肯”号的战斗中。在这场迅速的、一边倒的战斗中，“亚特兰大”号被命中 7 次后，才试图逃脱，但最终还是搁浅投降。其中一名船员被杀，16 名船员受伤。

联邦海军把这艘俘获的舰船送往费城海军船厂，在这个船厂该舰重新被修理好并且在 1864 年 2 月又作为联邦海军的“亚特兰大”号进行服役。它继续在南大西洋和北大西洋封锁舰队服役，并且与 1864 年 5 月 21 日袭击弗吉尼亚州波瓦坦港的南方邦联海军进行交战。该舰船在 1865 年 6 月于费城退役，最终成为海地的战舰“凯旋”号。

邦联海军“得克萨斯”号

邦联海军“得克萨斯”号

南方邦联海军“得克萨斯”号是由海军造船师约翰·波特设计的两艘哥伦比亚级舰船之一。它有 1378 吨的排水量以及 6 门火炮，总长达到了 66 米。它比姊妹船“哥伦比亚”号稍长，但是炮塔的长度要短一些。它于 1865 年 1 月在弗吉尼亚州的里士满港下水，当北方联邦海军 4 月占领这座邦联政府的首府时，它仍然在进行武器装备的安装。这艘未建造完成的双螺旋桨驱动的铁甲舰被拖到诺福克海军船厂，在这个船厂它在 1867 年 10 月最终被卖掉。

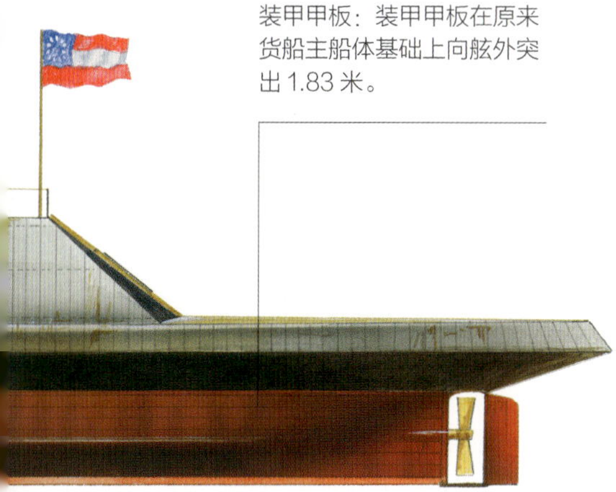

技术参数：

排水量： 912 吨

主尺度：
62 米 ×12.5 米 ×5 米

武器装备：
两门 178 毫米布鲁克火炮；两门 163 毫米帕罗特火炮。

装甲：
炮塔：102 毫米；主船体：51 毫米

机械装备： 1 根轴系；蒸汽机；1 台锅炉

航速： 10 节

船员定额： 145 人

邦联海军“波罗的海”号（1862）

邦联海军“波罗的海”号是六艘从现有船舶改装而成的铁甲舰之一。这艘 566 吨的舷侧明轮推进的铁甲冲角舰本来是 1860 年在宾夕法尼亚州费城建造的内河拖船。

它由亚拉巴马州政府购买后改装成一艘战舰，转而在 1862 年中期加入了南方邦联海军，在莫比尔湾的内河沿岸服役。它的总长 56 米，船宽 12 米，船深 1.9 米。它能够容纳 86 名船员，船首部有钢板，船尾部有棉花包用来保护舰船。

“波罗的海”号服役后由海军上尉詹姆斯 · 约翰逊指挥，紧接着是海军上尉查尔斯 · 西姆斯，他声称该舰船“极其低劣，只适合作为挖泥平底船参与行动”。不管怎样，“波罗的海”号是在莫比尔湾服役的唯一一艘铁甲舰，直到 1864 年

邦联海军“哥伦比亚”号

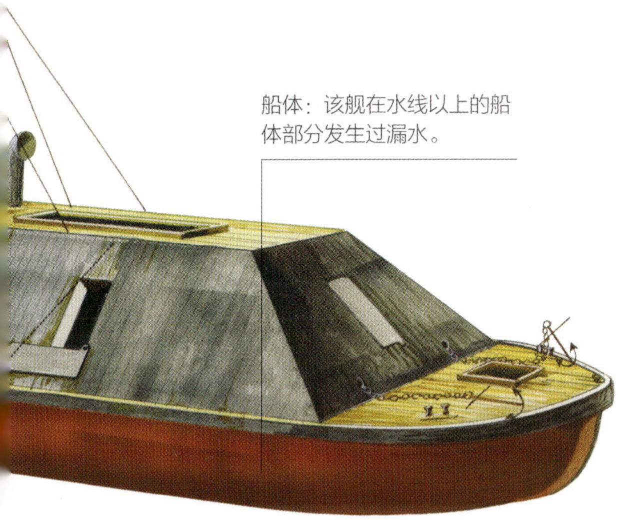

“田纳西”号建造完成。在此期间“波罗的海”号忙于在莫比尔湾里安放障碍物和水雷。它未参加1864年8月5日在那发生的激烈的战斗。

事实上“波罗的海”号在1863年早期的船况非常糟，它被移除了武器、装甲，并于1864年7月被拆除。它的武器装甲被用于保护邦联海军“纳什维尔”号。“波罗的海”号的残骸于1865年5月10日在亚拉巴马州汤比格比河被联邦海军俘获。它于1865年12月31日被出售。

邦联海军“哥伦比亚”号（1865）

邦联海军“哥伦比亚”号是由里士满级和查尔斯顿级铁甲舰改进而来的田纳西级铁甲舰中的一艘。除了它们标志性的“钻石船体”，在这个级别中的每一艘舰船都是独一无二的。“哥伦比亚”号是1864年在南卡罗来纳州查尔斯顿建造的，船体是黄松木和白橡木辅以加强的铁板制成。该舰的船体部分由F.M. 琼斯按照约翰 · 波特制定的建造计划建造完成。詹姆斯 · 伊森负责船体外板和机械部分。该舰总长57米，为了少消耗宝贵的钢铁，它缩短了炮塔的长度，比同级别其他舰船要短。它被152毫米厚的铁板覆盖，据称“非同寻常的坚硬”。它的船员定额是50名，被设计成能够安装6门或8门火炮。

可是非常不幸，邦联政府的“哥伦比亚”号在1865年1月12日下水不久，要么是撞到了一些石块，要么是撞到了莫尔特里港附近海域的船只残骸。由于它的底部破损，它无法服役。邦联政府部队设法营救出了一些火炮和装甲，但是当查尔斯顿2月18日陷落时，联邦军占据了它的残骸。联邦军队打捞并且在4月26日维修了该舰。“范德比尔特”号在5月25日将其拖至弗吉尼亚州的汉普顿锚地，紧接着就将其售卖。

“波罗的海”号技术参数：

排水量：566吨

主尺度：
56米 ×12米 ×1.9米

武器装备：
两门12磅达尔格伦火炮；两门32磅火炮；一门42磅火炮

装甲：63.5毫米

机械装备：蒸汽机驱动明轮船

航速：5节

船员定额：86人

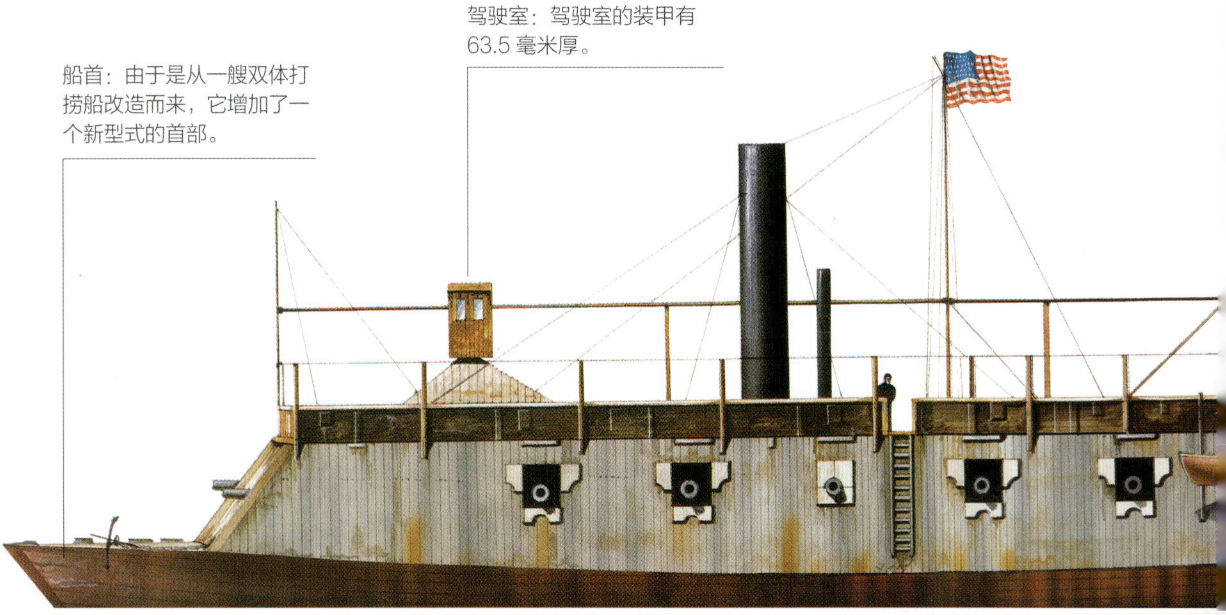

联邦海军“本顿”号（1862）

联邦海军“本顿”号是一艘排水量 937 吨的内河铁甲炮舰，经测量该舰总长超过 91 米。詹姆斯·伊兹从众多打捞船中，在密苏里州圣路易斯把它改造成一艘战舰，加入了海军西部炮艇舰队序列。这次非同寻常的征召发生在 1861 年，作为海军对内河流域发生兴趣的证明。

联邦海军要么通过改造商船，例如“本顿”号的方式，要么以建造新战舰的方式开始获得战斗舰船。西部海军炮艇舰队的前三个司令是海军官员，他们以海军司令的身份发号施令。1862 年 10 月 1 日，该炮艇舰队进行了改编，并且加入了海军将官大卫·波特领导下的密西西比河中队序列。

在早期的铁甲舰中“本顿”号是独一无二的，因为它的装甲全部都是铁制的。该舰的装甲有 63.5 毫米厚，并且后面有 508 ~ 863 毫米厚的木材。在 1862 年 2 月该舰完成调试工作，作为联邦

驱动轮："本顿"号有一个独立的尾部明轮。

海军战舰开始在密西西比河及其支流流域战斗。一位官员称其为"内河流域最有战斗力的船"。毋庸置疑，它具有16门火炮的炮台是战争中所有战舰中最强的炮台。但是另外一方面，它又具有混合两种船型的尾部和舷侧推进机械，这就导致无法提供所期望的操纵机动性，它需要8～12分钟才能进行缓慢的转向。

封锁战略

1862年3月，海军少将约翰·波普率军占领了密苏里州的新马德里市，这是南方邦联海军在密西西比河上为了封锁北方联邦海军的一个根据地。他随即横跨密西西比河占领10号岛屿转而形成防守之势，这个岛屿是南方海军封锁密西西比河的交通要塞。在这次行动中，他得到了海军将领安德鲁·富特的支持。"本顿"号作为富特舰队的一员参与了这次行动。那年的晚春，该舰还参与了占领波利沃港和孟菲斯港的行动。在这年夏天，"本顿"号又与邦联海军的铁甲舰"阿肯色"号在密西西比州的维克斯堡交战，此次交战中，它巧妙地成功避开了"阿肯色"号冲角的攻击。1862年10月在成为海军部队序列前，它还参与了亚祖河远征，最后成为波特领导下的密西西比河中队的一员。

1862年12月，"本顿"号在另外一次的亚祖河行动中遭到邦联海军炮火的攻击，受到损伤。也许最有名的是"本顿"号成为1863年4月16日冲破维克斯堡封锁的众多舰船之一。"本顿"号紧接着参与了对被波特将军称为"密西西比最坚固的地方"——大海湾的炮击。它支援了海军舰队炮火对于维克斯堡的围攻，直到南方邦联海军于7月4日投降。"本顿"号最后一场重大军事行动是1864年3月到5月期间在路易斯安那发生的红河战役。它最终于1865年7月退役。

技术参数：

排水量： 937吨

主尺度：
62米×22米×2.7米

武器装备：
八门228毫米达尔格伦滑膛炮；两门100磅帕罗特线膛炮；两门50磅达尔格伦线膛炮；四门32磅达尔格伦线膛炮

装甲：
首部炮塔：64毫米厚表面覆盖76厘米的木材；尾部炮塔：15.9毫米；驾驶室：64毫米

机械装备： 蒸汽机驱动尾部螺旋桨；两台发动机

航速： 5.5节

船员定额： 176人

联邦海军“开罗”号（1862）

“开罗”号是专门为在西部水域作战而设计的一艘先进炮舰。它仅有 1.8 米浅吃水，且有 53 米长，15.5 米宽，比同等长度的远洋船更宽。

它有两台蒸汽发动机，可以驱动中间安装的艉明轮，但发动机对煤有很大需求量，每小时要烧掉 1 吨以上的煤；正因动力强劲，“开罗”号可以达到 6 节的最高速度。

“开罗”号有不同种类的武器，包括 3 门 178 毫米火炮，3 门 203 毫米滑膛炮，6 门 32 磅滑膛炮以及 1 门 30 磅帕罗特炮。这些炮位于一个侧面斜坡的炮塔里，有三个在前面，两边分别有四个，还有两个在船尾。炮塔被 63 毫米厚的装甲保护，装甲固定在 600 毫米厚的木板之上。它带

发动机：“开罗”号的两台蒸汽机驱动着直径为 6.7 米的艉明轮。

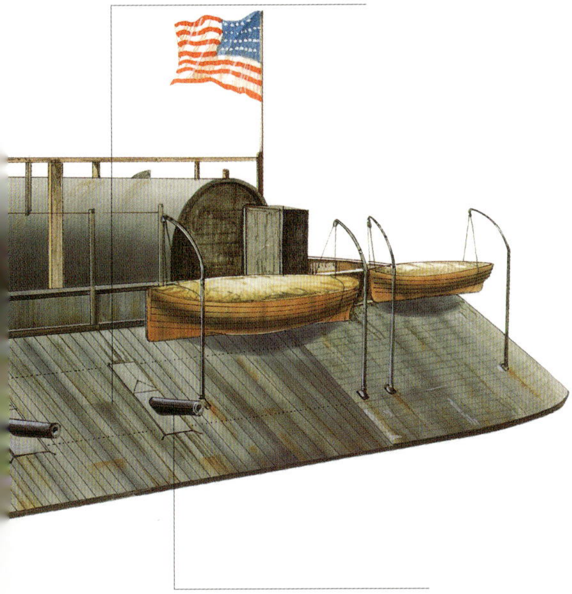

炮塔：炮塔的覆盖范围能延伸到船舷两侧，只有首部和尾部的一部分没有被覆盖。

队里为 12 月 12 日的行动提供火力支持。当“马莫拉”号发现水雷的线索时，指挥官托马斯·塞尔弗里奇鲁莽地命令“开罗”号继续向前推进。

“开罗”号立即被两个连串的爆炸阻碍住了。根据猜想水雷是被一个摩擦引信引爆的，塞尔弗里奇碰到了位于左舷首部下面的水雷引线引爆了水雷，并且与它连接的另一个水雷正好在左舷。只过了 12 分钟，“开罗”号便沉没了，只有烟囱和旗杆露出水面。这是历史上第一艘被水雷击沉的军舰。“开罗”号的残骸 1964 年被发现，现在被陈列在维克斯堡美国国家军事公园内。

有铁板的圆角提供了额外保护。八边形的驾驶室被木材上 38 毫米厚的铁板保护。它最弱的区域是后面及水下，这些地方都没有装甲。

显然，邦联没有能力去和这么强大的武器进行一对一的较量。然而，他们采取游击战的方式，通过游击队员在水里骚扰联邦战舰，包括使用水雷攻击。

水雷袭击

1862 年 12 月 12 日一个由五艘船组成的联邦小舰队，包括“马莫拉”号、“辛格”号、“西方皇后”号、“匹兹堡”号及“开罗”号在亚祖河上巡逻。“马莫拉”号和“辛格”号在之前已经巡逻过亚祖河并且发现大量的漂浮物像是水雷。亚祖河的形势毫无疑问是很危险的，当时同为装甲船的“匹兹堡”号和“开罗”号已经加入到军

技术参数：

排水量： 464 吨

主尺度：
53 米 ×15.5 米 ×1.8 米

武器装备：
3 门 203 毫米滑膛炮；3 门 42 磅线膛炮；6 门 32 磅线膛火炮；1 门 30 磅帕罗特炮

装甲：
首部炮塔：64 毫米；驾驶室：64 毫米；舷侧覆盖机械设备：89 毫米

机械装备：
5 台锅炉的蒸汽机驱动螺旋桨，蒸汽机缸径 560 毫米；活塞行程 1.8 米

航速： 4 节

船员定额： 251 人

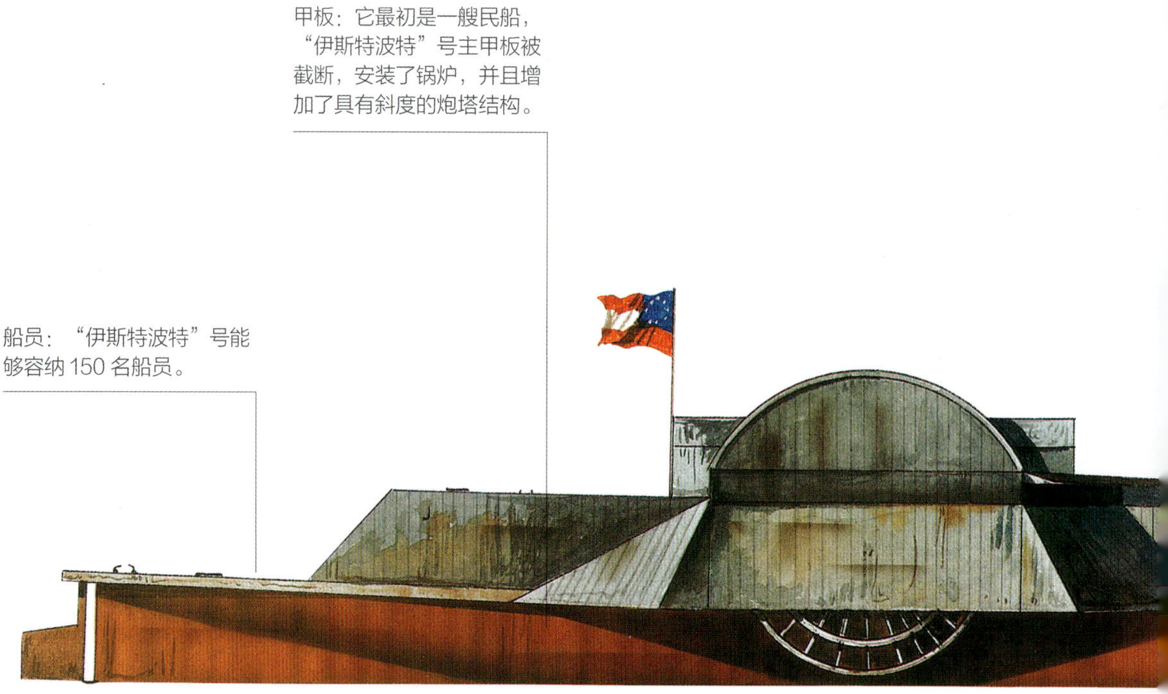

联邦海军“伊斯特波特”号（1862）

联邦海军“伊斯特波特”号作为民用船舶为联邦政府和邦联政府都服役过。它作为一艘明轮船开始服役，建造于印第安纳州新奥尔巴尼。它在航道上作为运输和巡逻船被邦联海军所使用。

1862年2月，在亨利堡取得胜利后，它在田纳西州Gerro Gordo被联邦指挥官安德鲁·富特的炮舰夺取，当时邦联正在将它改造成装甲舰的进程中。尽管北方联邦在战争中夺取了几艘南方邦联的炮舰，但“伊斯特波特”号是唯一在建造的并且完全由南方邦联自己独立完成的炮舰。它于1862年8月作为一艘河上装甲舰为北方联邦服务，并在1862年10月转交给海军。

“伊斯特波特”号有一个相对平凡的战争生涯。它的大尺寸和重量使它操作困难并且多次搁浅。这些事故使它需要大量的维修，以至于很长时间都不能使用。1863年2月它在密西西比河维克斯堡附近搁浅，维修之后，它参加了1864年春天的红河战役。“伊斯特波特”号越来越多地被黑人船员操作，这时有28%的船员是黑人。这些人大部分都是最近被解放的黑奴。

塔楼：指挥塔是在“伊斯特波特”号被联邦军俘获后增加的。

4 月 15 日在路易斯安那州 Grand Ecore 保卫通信线路时搁浅之后，“伊斯特波特”号被南方邦联的水雷袭击。虽然损伤比较轻微，但是也产生了小的破损。在它最终沉没之前，它在浅水里搁浅了 8 次。

沉没

伴随着纳撒尼尔 · 班克将军的军队撤退到亚历山大港，南方邦联控制了河的两岸并且在路易斯安那州蒙哥马利附近将“伊斯特波特”号包围了。海军上将大卫 · 波特命令将正在受到南方邦联火力攻击的“伊斯特波特”号破坏。4 月 26 日，经过一次失败的努力之后，指挥官山姆 · 菲尔普斯成功点燃 1360 千克炸药将它炸毁。

即便这样，它的残骸仍是河道航行的风险。在 1865 年 6 月 23 日，蒸汽船 Ed.F.Dix 号撞上了它并沉没了。1995 年，对残骸实施了的一项考古调查，调查完成之后它被彻底摧毁了。

技术参数：

排水量：635 吨

主尺度：总长：85 米；船宽：未知；吃水：1.91 米

武器装备：
两门 12 磅火炮；四门 32 磅火炮；两门 30 磅火炮

装甲：未知

机械装备：蒸汽机

航速：未知

船员定额：150 人

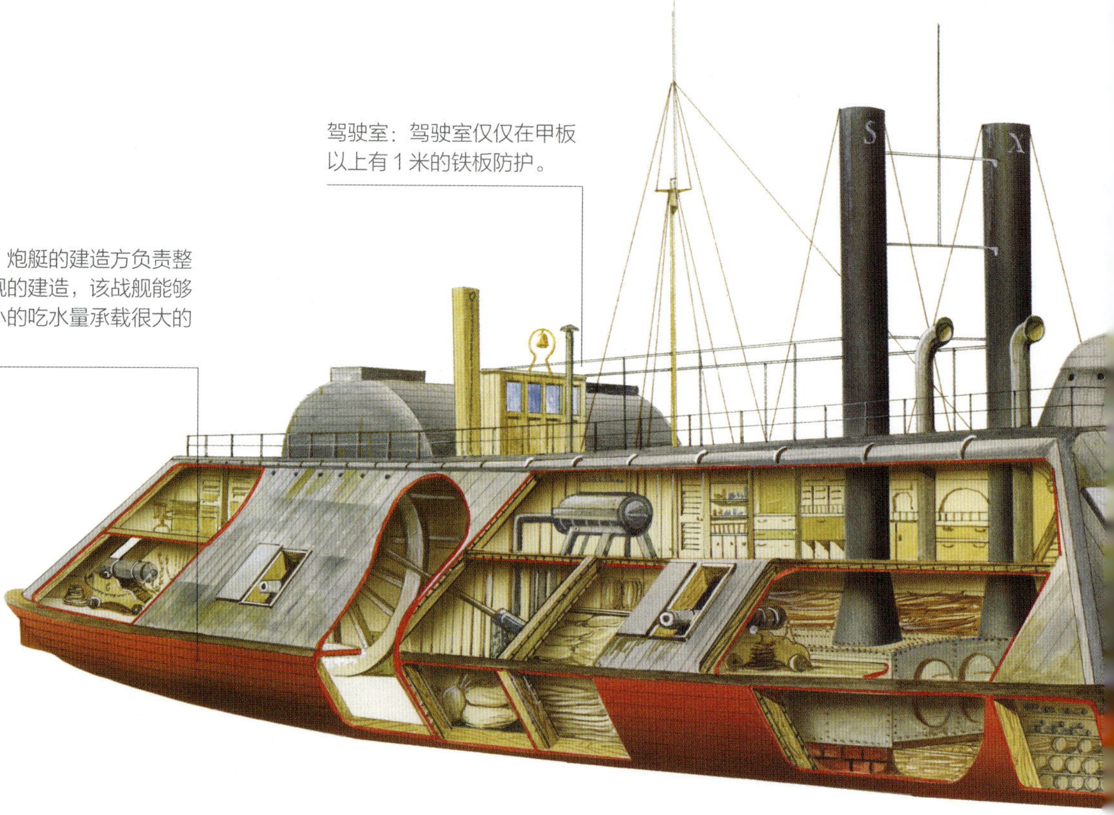

联邦海军“埃塞克斯”号（1862）

联邦海军“埃塞克斯”号是最初于 1856 年在印第安纳州奥尔巴尼建造的一艘名为“新纪元”的蒸汽轮渡。1861 年 9 月，美国海军西部炮舰舰队将它购买，并把它转变为一艘 355 吨的炮舰，仍然命名为“新纪元”号。它在 1861 年加入了坎伯兰河远征队。

在被命名为“埃塞克斯”号之后，它加装了铁甲和其他设备，并于 1862 年 1 月 11 日在密苏里州 Lucas Bend 附近与南方邦联交战中起到了积极作用。它由海军上将大卫 · 波特的兄弟比尔指挥，在 2 月参加了田纳西州亨利堡的战役，战斗中它严重受损。它第一次交火是尤利西斯 · 格兰特将军在船上实施侦察的时候，当时格兰特的军队正准备在离亨利堡一段距离的地方登陆。2 月 6 日，它遭遇了一场更激烈的交火，有 30 人伤亡，“埃塞克斯”慢慢漂流到河下游，远离了这次战斗。

炮塔：上方的炮塔室有两层甲板：上甲板为了士官而设置。

拉格特的舰队中。9 月 5 日它帮助北方联邦军击退了南方邦联军对巴吞鲁日的攻击。因为作战失败，南方邦联破坏了“阿肯色”号，以防止它落入北方联邦军手中。

1862 年 10 月“埃塞克斯”号移交给海军，它依然在内战中保持积极作用。它在 1862 年 12 月帮助攻占巴吞鲁日，并且在 1863 年 5 月到 7 月参加了夺取路易斯安那州哈德森港的战斗。它在 1864 年 3 月到 5 月还参加了注定以失败告终的红河远征。“埃塞克斯”号于 1865 年 7 月退役，随后被卖给了私人，又被改回了原名字“新纪元”号。它最终在 1870 年被废弃。

波特舰长在没有官方授权下，决定花费一点费用把它修复。军舰被加长、加宽、重装动力、重装装甲，并且重新改变了外观，“埃塞克斯”作为一艘 1000 吨铁甲舰出现，成为西部河流中最强大的军舰之一。

与“阿肯色”号交战

它及时回归到密西西比州维克斯堡的战场，7 月 22 日它配合“西方皇后”号冲破敌人要塞，并和南方邦联 “阿肯色”号铁甲舰交战。波特将它迫近到与“阿肯色”号有 1.5 米的距离，并且运用冲角攻击，南方邦联岸上的大炮和步兵火力都无法击退“埃塞克斯”号。

虽然被 42 发炮弹击中，“埃塞克斯”号损伤仍不算重。它向下游前进并且在密西西比河下游作为唯一的联邦铁甲舰加入到海军上将大卫·法

技术参数：

排水量：1000 吨

主尺度：76 米 ×18 米 ×1.8 米

武器装备：
一门 32 磅炮；三门 279 毫米达尔格伦滑膛炮；一门 254 毫米达尔格伦滑膛炮；一门 12 磅炮

装甲：首部炮塔：44 毫米；舷侧 19 毫米

机械装备：两台单缸发动机；四台锅炉

航速：5.5 节

船员定额：124 人

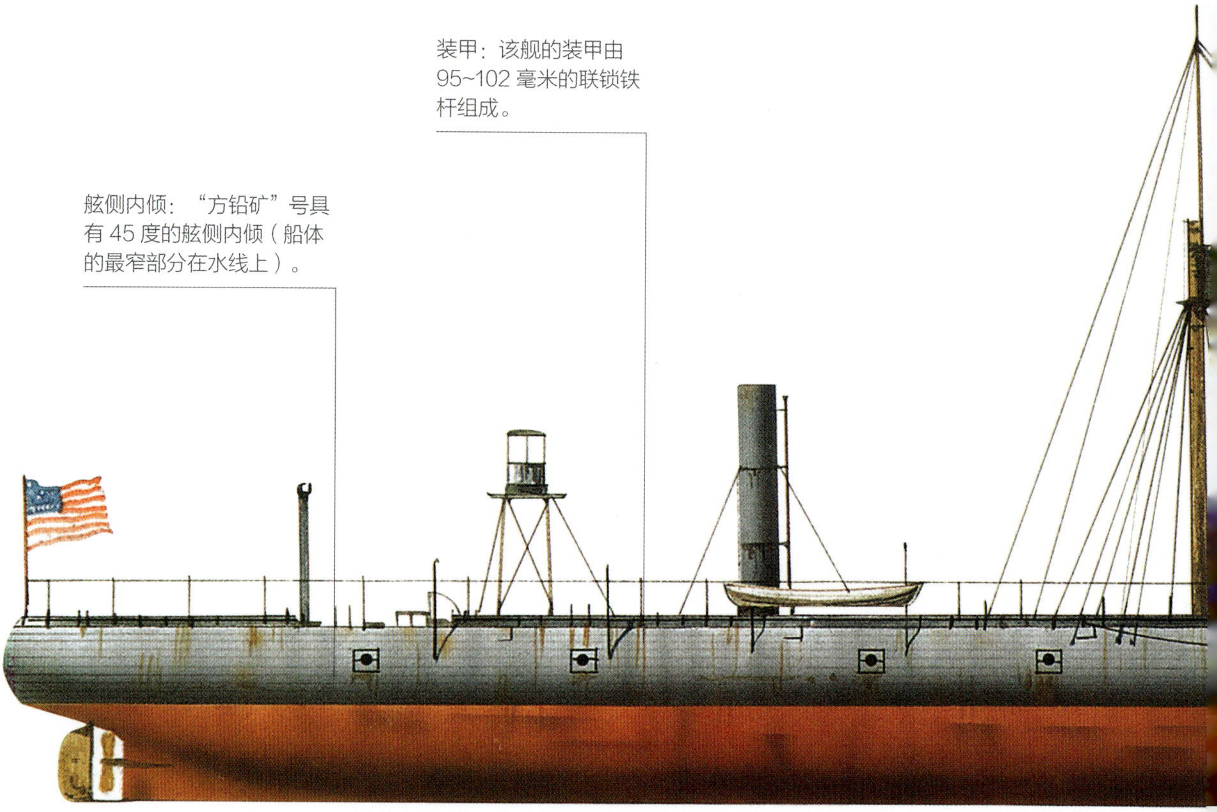

联邦海军“方铅矿”号（1862）

联邦海军“方铅矿”号是一艘由 H. 派克为 C.H. Bushnell 公司设计的 862 吨的铁甲舰，在康涅狄格州米斯特建造，1862 年 4 月完成调试。作为美国海军三艘第一批装甲作战舰艇中的第二艘，它立即被送到弗吉尼亚州的汉普顿锚地，与“莫尼特”号一起来对抗邦联海军的“弗吉尼亚”号。

“方铅矿”号在乔治 · 麦克莱伦将军指挥的 1862 年半岛战役中扮演了重要角色。5 月 15 日，指挥官约翰 · 罗杰斯和由五艘军舰组成的联邦舰队——铁甲舰“莫尼特”号和“方铅矿”号，还有“罗亚尔港”号、“阿鲁斯图克”号和“诺格塔克”号——向德鲁里陡岸前进，德鲁里陡岸是在詹姆斯河上离里士满南部不到 13 千米的一个南方邦联的军事要塞。

在 4 小时的战斗中，这个小舰队证明打不过南方邦联配有炮台火炮掩护的守军。“方铅矿”

号被击中 44 次。邦联军火力非常有效，因为德鲁里陡岸的位置在河面以上 27 米处，南方邦联军可以向下朝“方铅矿”号开火，穿透铁甲舰薄的甲板装甲。但是北方联邦军却打不到在高崖上的南方邦联军。有 12 名“方铅矿”号的船员在战斗中阵亡。

然而，舰上惨重的伤亡没有吓倒海军下士约翰·麦基，他带领战友们坚守在“方铅矿”号上，用持续不断的火力反击邦联军，他也因此成为第一个赢得荣誉勋章的海军士兵。

“方铅矿”号在接下来的 4 个月里都停留在詹姆斯河区域，时不时地对岸上的敌人开火。之后麦克莱伦决定停止攻击并撤退到哈里森。

莫比尔湾

在半岛战役后期，“方铅矿”号停在汉普顿锚地直到 1863 年 5 月，然后去费城接受维修和改造。在那里，“方铅矿”号的钢板被拆掉，加上了一组更重型的火炮，并且加大了发动机的功率。它在 1864 年 2 月作为一艘常规的蒸汽战船被重新调试。

1864 年 5 月，它在莫尔比湾加入了西部海湾封锁中队，参与了对亚拉巴马州莫比尔的攻击。8 月 5 日，当海军上将大卫·法拉格特发起攻击时，联邦海军强大的战舰轻松压制了来自摩根港的火力，但当它们穿过这个位置后，南方邦联就集中火力打击在后面的最弱的战舰，比如“方铅矿”号。

“方铅矿”号从 1864 年 9 月到 11 月在西部海湾封锁中队服役，在弗吉尼亚州的楠西蒙河结束服役。它在 1865 年退役，并最终于 1872 年在诺福克海军船厂解体。

技术参数：

排水量： 862 吨

主尺度： 64 米 ×11 米 ×3.4 米

武器装备：
八门 230 毫米达尔格伦滑膛炮；两门 100 磅帕罗特炮

装甲： 95~102 毫米联锁铁杆

机械装备： 两台发动机驱动单螺旋桨

航速： 8 节

船员定额： 164 人

船宽：229 毫米的火炮布置在船舷两侧。

联邦海军“拉斐特”号（1862）

联邦海军“拉斐特”号是 1848 年在密苏里州的圣路易斯建造完成的，并作为一艘明轮船开始服役，当时被命名为“亚力克史葛”号。它是美国政府为西部炮舰舰队购买的炮舰之一，并在 1862 年 5 月 18 日重新被命名为“亨利堡”号。1862 年 9 月 8 日，它在圣路易斯被改造为一艘铁甲舰，再次被命名为“拉斐特”号。

不同于它的姊妹船“巢克图”号不同寻常的炮塔结构，“拉斐特”号有一个非常长的炮塔，从它的明轮几乎一直延伸到船首。由于它的重量太重，以至于安装了普通动力装置的“拉斐特”号的航行速度很慢。

“拉斐特”号装有与“巢克图”号一样的实验性的印第安橡胶保护层。海军准将威廉·波特声称这种橡胶与 63 毫米钢铁结合将会提供与 127 毫米钢铁同等的保护。他的哥哥，海军上将大卫·波特则不同意这种观点，认为这是一种无用的结构，它只会在装甲后面腐烂。1862 年 10 月 1 日，它跟随其他的舰队被转交给海军，并且

火炮：面朝船首通过圆形的首部结构有两门280毫米的火炮。

炮塔：除了直达明轮的长炮塔外，“拉斐特”号其余部分和“巢克图”号非常相似。

斐特”号是一个非常大的目标，所以被击中了17次。其中有5次穿透装甲炮塔，这更加深了威廉·波特对橡胶和钢铁混合装甲设计的怀疑。然而，没有一次射击带来严重的损伤。

1863年6月4日，“拉斐特”号在红河巡逻，加入“匹兹堡”号炮轰路易斯安那州的锡姆斯波特的行动。从1864年3月到5月，“拉斐特”号参加了红河战役。战争后期它停靠在密西西比河下游，保卫河上的交易免受攻击，监控棉制品交易，以及阻止南方邦联军队的活动。“拉斐特”号于1865年7月23日退役，并在1866年3月12日被卖到新奥尔良。

很快加入到海军上将波特的密西西比河舰队，船长是亨利·沃克。

1863年4月16日，“拉斐特”号跟随波特的旗舰“本顿”号在密西西比州的维克斯堡企图穿越南方邦联的炮台火力网。此时，“General Sterling Price”号用冲角攻击了它的右舷，“拉斐特”号和对手卡在了一起，一块燃起了熊熊大火。海军少尉艾利斯报告说：“纽约大火和独立日烟火都没法跟这场大火相比！”“拉斐特”号受到了九次“有效”的命中，炮弹穿透了它的炮塔并且它的煤仓也进水淹没了。但“塔斯坎比亚”号拖着它，帮助它通过了敌方火力区。

大海湾的任务

五天后，波特利用“拉斐特”号在大海湾侦察南方邦联的工厂，4月29日，它再次被炮击。“拉

技术参数：

排水量： 907吨

主尺度： 85米×14米×2.4米

武器装备：
两门280毫米达尔格伦滑膛炮；四门229毫米达尔格伦滑膛炮；两门100磅帕罗特线膛炮

装甲： 25.4毫米铁板覆盖着25.4毫米印度橡胶

机械装备：
两台发动机，活塞行程2.4米，驱动两个明轮

航速： 河中4节

船员定额： 106人

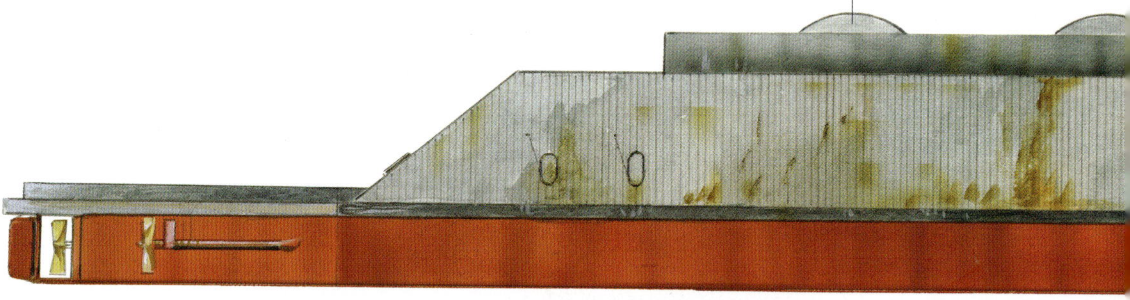

邦联海军“路易斯安那”号（1862）

邦联政府计划用铁甲舰打败强大的联邦舰队，1861 年 9 月南方邦联海军秘书长史蒂芬·马洛里授权在新奥尔良建造两艘铁甲舰。一艘是“密西西比”号，另一艘是由默里建造的“路易斯安那”号。默里在 20 年时间里共建造了 120 多艘舰船。

尽管默里在此前建造过多艘舰船，但铁甲舰的建造仍是全新的挑战，并且默里被许多资源和官僚政治问题所困扰。他承诺 1862 年 1 月 25 日交付，但是直到 4 月 19 日“路易斯安那”号才投入使用。这时，海军上将大卫·法拉格特正在为攻打新奥尔良做最后的准备。

“路易斯安那”号由指挥官查尔斯·麦金托什指挥。它装有 16 门炮，包括 2 门 178 毫米线膛炮、3 门 228 毫米炮、4 门 203 毫米炮，以及 7 门 32 磅炮。然而只有 10 门炮可以使用。其他的不是被装错了就是被没有使用重型海军火炮经验的人使用着。这艘战舰没有动力，并且设计及制造粗糙。

中尉威廉·沃德声称它是个“完全的失败”。

这艘战舰的缺点在战斗中表现明显。“路易斯安那”号在没有准备好的情况下就仓促地投入使用，并且麦金托什发现它的发动机“拙劣而无用。”鉴于这些限制，负责南方邦联海军防御的麦金托什和指挥官约翰·米切尔，决定对它最好的利用就是将它拴在东部海岸当做浮动炮台。

“拙劣的表演”

1862 年 4 月 24 日早晨，当法拉格特的舰队通过杰克逊港和圣菲利普市时，“路易斯安那”号仅开火 12 次。米切尔建议当本杰明·巴特勒的军队登陆时，“路易斯安那”号向他们开火，但这时“路易斯安那”号却不能运转了。当约翰逊·邓肯和波特在联邦海军的“哈丽特巷”号上签署投降书的时候，“路易斯安那”号漂向了法拉格特的舰队，并将它上面的 4 吨炸药点燃，整艘舰被付之一炬。北方和南方都责备米切尔导演了这场“拙劣的表演”。

技术参数：

排水量：1270 吨

主尺度：80 米 ×19 米 ×（3.66~3.96）米

武器装备：
两门 178 毫米布鲁克线膛炮；四门 203 毫米炮；三门 228 毫米炮；7 门 32 磅炮

装甲：未知

机械装备：
四台发动机，另外船中有两个大的明轮；双明轮双舵

航速：未知

船员定额：300 人

三个螺旋桨推进的“密西西比”号的航速能够达到14节。

邦联海军“密西西比”号（1862）

除“路易斯安那”号之外，“密西西比”号是1861年9月南方邦联海军的秘书长史蒂芬·马洛里在新奥尔良签署建造的另外一艘铁甲舰。“密西西比”号是由尼尔森·蒂夫特和阿瑟·蒂夫特建造的。蒂夫特兄弟没有什么造船的经验，但在政治上却很有关系。

蒂夫特兄弟向马洛里描述了一个宏伟的计划，就是建造一艘79米长、17米宽、4.5米深的船。船上配有两台锅炉，每台直径是1.06米、长度9米，还配有三个螺旋桨，蒂夫特期望它的速度达到14节。经过后来的计算，蒂夫特认为应该再加宽6米来安装更多锅炉和加大燃料储备。

南方邦联有限的生产能力使得“密西西比”号的生产进程不断被拖延。蒂夫特承诺1861年12月15日交付，但是“密西西比”号直到1862年4月20日也没有投入使用。

尽管如此，该舰仍未为其服役做好准备。它仍然是一个部分完成的没有主机的船壳。它设计

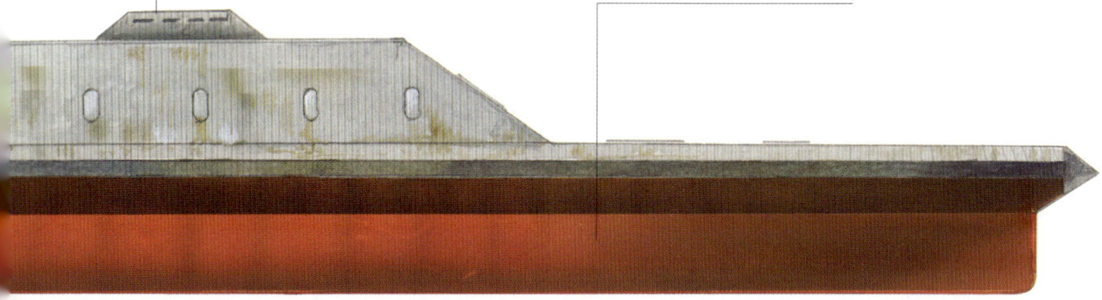

的火炮一门也没有安装，并且它的钢铁甲板也没有制成。海军上将大卫·法拉格特准备好攻击新奥尔良的时候，"密西西比"号在这种情况下也没能用上。船长威廉·惠特尔于1862年3月29日被马洛里派到新奥尔良，接到了将船壳送到上游完成建造的命令。

惠特尔告诉将要来指挥"密西西比"号的指挥官亚瑟·辛克莱，不论蒂夫特什么时候完成，都要"尽最大努力将它带到上游，如果失败了，就将它摧毁。"

悲剧的结尾

经过很多努力之后，辛克莱找到了两条蒸汽船将"密西西比"号拖到安全的地方，但是它们还是被联邦海军困住。接到惠特尔"不要让它落到敌人手中"的命令之后，辛克莱摧毁了"密西西比"号。南方邦联只能在没有它的情况下保卫新奥尔良。当法拉格特到达上游时，这艘曾经准备要成为"海上霸主"的漂流者，被吞没在火海中。

技术参数：

排水量： 1270吨

主尺度： 79米×17米×4.5米

武器装备：
大约20门火炮，包括首尾的四门178毫米火炮

装甲： 115毫米铁板

机械装备： 蒸汽机，3个螺旋桨

航速： 14节（估算）

船员定额： 未知

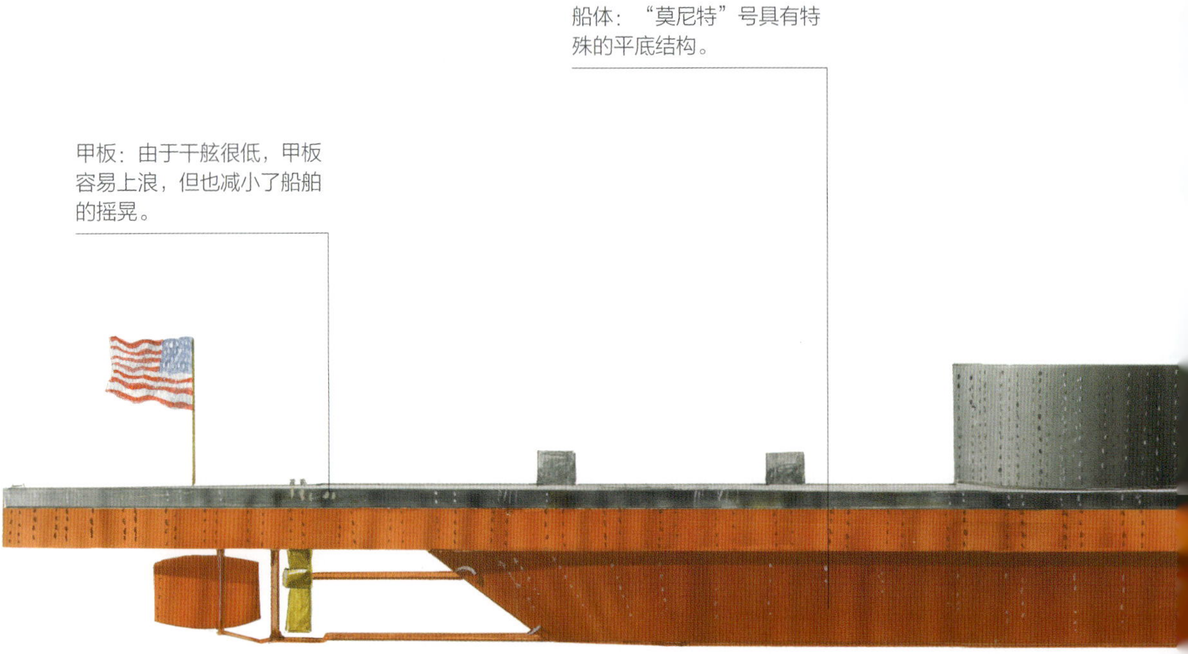

联邦海军“莫尼特”号（1862）

当约翰·埃里克森开始建造北方联邦第一艘铁甲舰的时候，南方邦联海军已经提前三个月开始建造“弗吉尼亚”号。然而，埃里克森建造“莫尼特”号用了还不到100天，这样“莫尼特”号非常及时地参与了与“弗吉尼亚”号在1862年3月8日展开的汉普顿锚地之战。

“莫尼特”号有52米长的扁平船体，并且干舷不高于0.3～0.6米。它甲板上的橡木梁直径达179毫米，橡木上铺了厚25毫米的铁板。在中间部分，一个旋转的铁质2.7米炮塔突出在甲板上，并在上面安装有2门280毫米达尔格伦炮，它可以每7分钟将一发75千克的炮弹发射到1.6千米外。炮塔的尾部是排烟管，前部是一个铁质的驾驶室。这个不到0.9平方米的结构里在战争时可以容纳驾驶员、舵手以及指挥官。

“莫尼特”号比“弗吉尼亚”号的最大优势是它的深吃水和高机动性。它有59名船员，都是从海军中自愿报名来的。它的船长是中尉约翰·沃登，一名刚从南方邦联的监狱中释放的28岁海军老兵，他在监狱中度过了7个月。调试后的第九天，“莫尼特”号被拖船从纽约拖到切萨皮克，并且在3月8日下午通过了弗吉尼亚海角。这时汉普

搁架：船首部搁架重叠的结构设计目的是保持船舶的平稳。

顿锚地第一天的战斗刚结束，“弗吉尼亚”号对联邦舰队造成了严重破坏，并想在第二天结束战斗。

“巨大的奶酪盒”

“莫尼特”号的到来让这场战斗陷入僵持。邦联海军“帕特里克·亨利”号的杰姆斯·罗谢尔中尉将这个新船描述为“它就像一个水手的眼睛从来不向上看一样，一个巨大的木墙板漂浮在水中，一个巨大的奶酪盒从它的中央升起；没有水手，没有明轮，没有烟囱，没有大炮。”经过两个小时的战斗之后，这两艘铁甲舰都撤退了。它们都有损伤，并且也有一些船员受伤，但是没有人死亡。

虽然陷入了战略上的僵局，这场战争应该看成是北方联邦胜利了，因为虽然“弗吉尼亚”号仍然是个很大的威胁，但是它单独就可以摧毁北方联邦舰队的能力减弱了。北方联邦的封锁线已经形成，并且主要的障碍已经从乔治·麦克莱伦将军指挥的半岛战役的道路上被清除。

技术参数：

排水量： 895 吨

主尺度： 52 米 ×13 米 ×3 米

武器装备： 两门 280 毫米滑膛达尔格伦炮

装甲：
铁板（每个 25 毫米厚）；炮塔：203 毫米；船体周围区域（457 毫米干舷）：127 毫米

机械装备：
采用二合一铸造的双气缸，另外两台大型锅炉

航速： 6 节

船员定额： 59 人

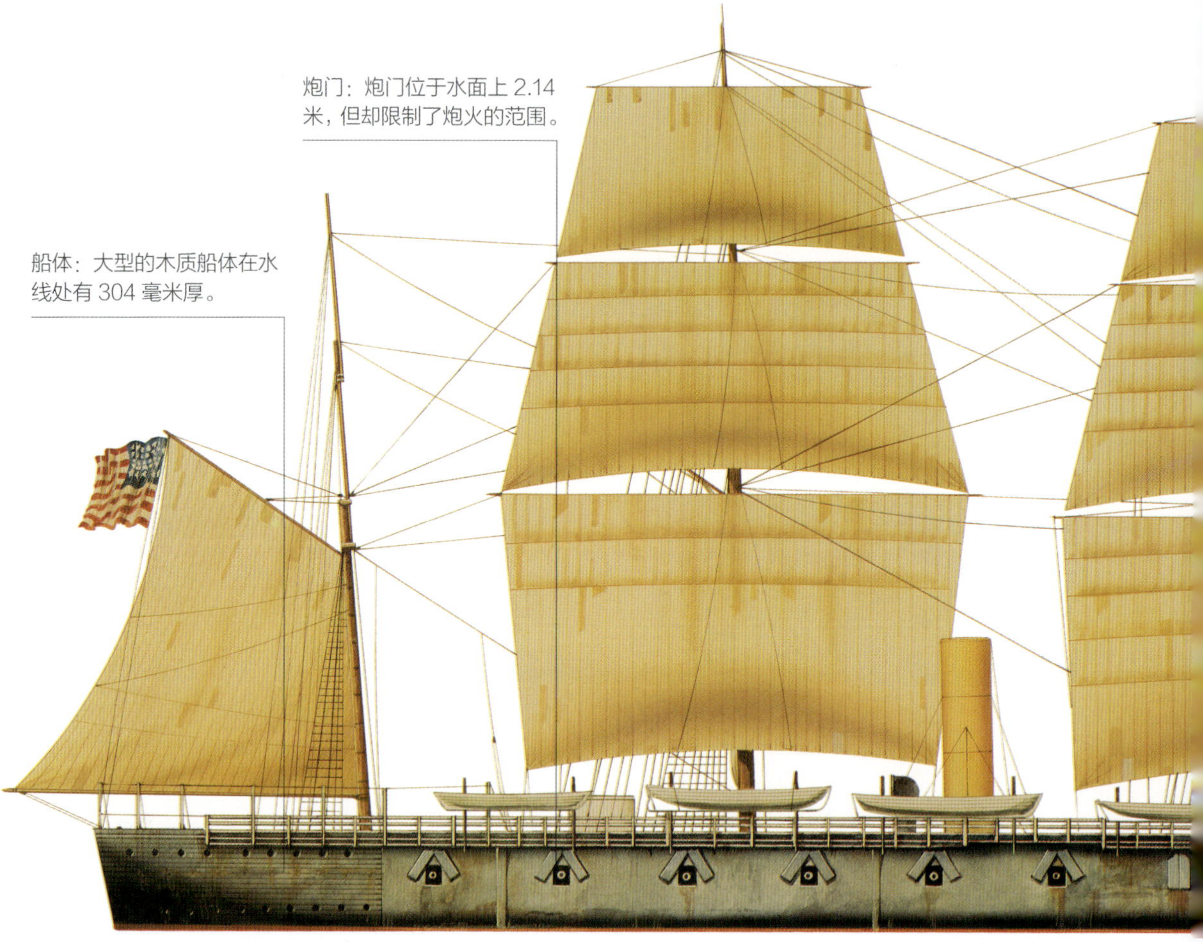

联邦海军“新劲旅”号（1862）

1861 年 7 月，海军秘书长吉甸·韦尔斯要求国会授权一个委员会去研究新型的铁甲舰技术。铁甲舰委员会包括海军准将约瑟夫·史密斯，海军上校希拉姆·蒲鲁东和指挥官 C.H. 戴维斯。9 月，委员会选择了 17 艘提议的战舰中的三艘投入建造，其中一艘就是联邦海军“新劲旅”号。

排水量 3737 吨的联邦海军“新劲旅”号是三艘铁甲舰中最大的。同“方铅矿”号一起，它成为在战争中舷侧有装甲的两艘战舰之一。“新劲旅”号是在宾夕法尼亚州的费城建造，并在 1862 年 8 月调试完成的。

1863 年 1 月，“新劲旅”号加入到南部封锁舰队。第二年，它对南卡罗来纳州的查尔斯顿封锁行动进行了支援，并参加了几场对南方邦联保卫城市的防御工事的攻击。虽然功率不足，并在海上处于下风位，但是它两舷侧配有八门重型火

炮，并有 381 毫米木材和 114 毫米铁甲的保护，使它特别适合北方联邦围攻查尔斯顿的持久战。

查尔斯顿行动

第一次行动发生在 1863 年 4 月 7 日，当时海军上将塞缪尔 · 杜邦派“新劲旅”号和其他 8 艘铁甲舰到查尔斯顿港湾对萨姆特堡进行轰击。作为旗舰，“新劲旅”号位于中央以便于指挥和控制。南方邦联的火力极强，“新劲旅”号被击中 93 次，但是与它的姊妹船不同，它的损伤不是很严重。南方邦联的顽强抵抗最终让保守的杜邦停止了攻击。

1863 年 10 月 5 日晚上，在查尔斯顿之外的另一次行动中，“新劲旅”号被邦联海军“大卫”号攻击损坏。然而，“新劲旅”号在 1864 年 5 月去费城大修之前还坚持战斗了 6 个月。

8 月份维修完之后，“新劲旅”号加入到北大西洋舰队，由海军准将威廉 · 雷德福指挥。它参加了北方联邦不成功的对北卡罗来纳州费舍尔要塞的第一次袭击。1865 年 1 月 13 日，在成功的第二次袭击中，“新劲旅”号贡献了致命且精准的火力，并给北方联邦带来了关闭南方邦联最后一个开放港口威尔明顿的胜利。

“新劲旅”号在汉普顿锚地区域结束了内战中的任务。它在 1865 年 4 月退役并存放在费城。1866 年 12 月 16 日，它意外被大火摧毁。

技术参数：

排水量： 3737 吨

主尺度： 70 米 ×17.5 米 ×4.8 米

武器装备：
14 门 279 毫米滑膛达尔格伦炮；两门 150 磅帕罗特线膛炮；两门 50 磅达尔格伦炮

装甲：
中部：114 毫米；炮台：114 毫米；甲板：25 毫米；舱壁：64 毫米

机械装备： 未知

航速： 6.6 节

船员定额： 449 人

邦联海军“南卡罗来纳”号（1862）

邦联海军秘书长史蒂芬·马洛里在“弗吉尼亚”号失败之后，计划建造六艘铁甲舰，其中就有“南卡罗来纳”号。这艘新型的铁甲舰有与“弗吉尼亚”号相似的船体结构，以及加厚的炮台装甲，但仅设计有 4 门火炮。

“南卡罗来纳”号是在中尉邓肯·英格拉哈姆监督下在南卡罗来纳州查尔斯顿建造的。它在 1862 年 9 月完成调试。对其他相同级别的船来说，它由单桨推进，并且功率不足。它由约翰·拉特利奇指挥，然而它的船员后来大都自愿去邦联海军的“亨利”号服务了。

港湾战争

1863 年 1 月 31 日，“南卡罗来纳”号和“契科拉”号对封锁查尔斯顿港的北方联邦木质蒸汽船进行了攻击，并对“周末聚会”号造成重大损伤。这次射击打中了“周末聚会”号的锅炉，使它充满了蒸汽，并在内船体中爆炸。水从 1.5 米大的洞中倾入，使“周末聚会”号不得不投降。

南方邦联将“周末聚会”号作为战利品，但是缺少船员，英格拉哈姆要求“周末聚会”号的指挥官中尉特雷韦特·阿博特让他的船长和船员必须做出承诺，他们将不会反抗南方邦联“直到

武器装备：这艘铁甲舰装备有两门 178 毫米布鲁克线膛炮和两门 228 毫米达尔格伦滑膛炮。

正常地交换”。特雷韦特 · 阿博特做出了口头上的承诺，“周末聚会”号被释放了。在“休沙通尼克”号到来将南方邦联驱退到在莫尔特里堡的火炮保护区之前，“契科拉”号也使“宾夕法尼亚”号损伤严重。

虽然查尔斯顿的防御司令彼埃尔 · 古斯塔夫 · 涂唐特自吹自擂地宣布封锁已被打破，但这一胜利只是使得少数邦联海军舰船成功冲入大洋，四处袭击联邦舰队，并没有让邦联航运得以恢复。

余下的战争时间内，“南卡罗来纳”号留在查尔斯顿地区，来帮助抵抗北方联邦的攻击。1865 年 2 月 18 日，当邦联军撤离这个城市时，它同“契科拉”号和“查尔斯顿”号一起被摧毁。美国陆军工程部队于 1929 年在克莱克市的挖掘施工中定位了这三个残骸，并且这些船的部分残留物可能在挖掘期间被清除了。

技术参数：

排水量： 771 吨

主尺度： 46 米 ×10 米 ×3.7 米

武器装备：
两门 178 毫米布鲁克线膛炮；两门 228 毫米达尔格伦滑膛炮

装甲：
舷侧：102 毫米外有 559 毫米橡木覆盖，在每个炮台上有 51 毫米装甲

机械装备： 蒸汽机

航速： 5 节

船员定额： 150 人

邦联海军“里士满”号（1862）

邦联海军“里士满”号是六艘同级铁甲舰中的第一艘，在位于弗吉尼亚州的诺福克的海军船厂建造。当北方联邦半岛战役进行的时候，“里士满”号在 1862 年 5 月初匆忙下水，当时北方联邦正准备撤离诺福克地区。

考虑到在詹姆斯河地区巡逻的北方联邦战舰日益增多，在 1862 年和 1863 年“里士满”号只是偶尔出现在河下游。1864 年中期，又有两艘铁甲舰加入到詹姆斯河舰队，这就允许约翰 · 米切尔在尤利西斯 · 格兰特将北方联邦军队向南推进的时候表现出更有攻击性。

“里士满”号参加过 1864 年 8 月 13 日的荷兰海湾行动、9 月 29 日到 10 月 1 日的哈里森堡行动、10 月 22 日的查芬陆崖行动，以及 12 月 7 日的布雷迪堡行动。在约翰 · 麦金托什的指挥下，它在詹姆斯河战斗的第一天——1864 年 1 月 23 日参战，当时它试图在潮汐到来时越过河水阻碍，但受到猛烈攻击。1 月 24 日它被联邦海军的莫尼特型战舰“奥农达加”号进一步重创，只能撤退到上游。

1865 年 4 月 3 日，由于联邦部队完成封锁，

联邦海军“卡曼奇”号

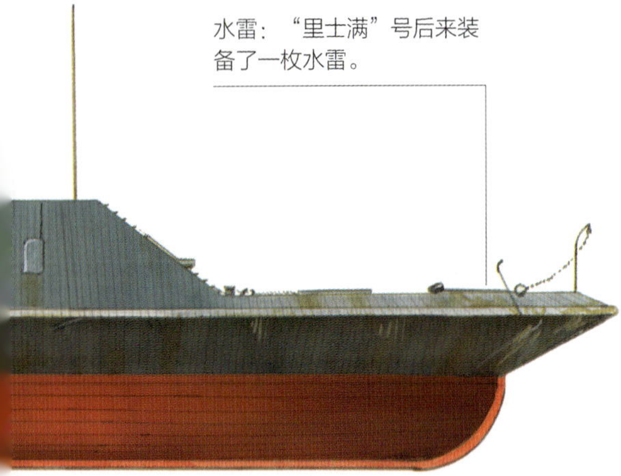

“里士满”号陷落在即，邦联海军上将拉斐尔·西蒙斯命令将詹姆斯河舰队的舰船都摧毁。

联邦海军“卡曼奇”号（1862）

加利福尼亚州的马尔岛海军造船厂是西海岸滩的第一个海军造船厂。虽然与内战战场相隔很远，但是造船厂被南方邦联“亚拉巴马”号袭击的谣言仍然引起了当地恐慌。

国会决定派出一艘现代铁甲舰为船厂提供保护。这就是联邦海军“卡曼奇”号，一艘1211吨部落的莫尼特型战舰。

意识到从东海岸到加利福尼亚的这一路上船不可能安全航行，海军便在新泽西制造“卡曼奇”号，并且将零件用运输船“天鹰座”号绕过好望角送到加利福尼亚州的旧金山。但“天鹰座”号却于1863年12月刚到港就沉没了。“卡曼奇”号的零件在旧金山被打捞和组装。“卡曼奇”号在1865年5月内战刚刚结束之后进行调试。在一年之后更大的双炮塔莫尼特型舰船“残丘”号到来之前，“卡曼奇”号是联邦海军在太平洋海岸唯一的铁甲舰，尽管它的生涯平淡无奇。

“里士满”号技术参数：

排水量：1230吨

主尺度：52.5米×10米×3.7米

武器装备：四门线膛炮；两门滑膛炮；一枚水雷

装甲：舷侧：102毫米

机械装备：双发动机

航速：6节

船员定额：150人

邦联海军“弗吉尼亚”号（“梅里马克”号：1862）

邦联海军“弗吉尼亚”号最初是以“梅里马克”号开始其生涯的。1861 年 4 月 20 日，联邦海军在放弃格斯波特海军造船厂时将其烧毁并沉没。之后，邦联海军的工程师打捞其残骸时发现除了在大火中被毁坏的上层建筑外，该船大部分仍可利用。

邦联海军秘书长史蒂芬·马洛里提出要重新装备“梅里马克”号，并用其去破坏严密的联邦封锁线。海军工程师约翰·卢克·波特和中尉约翰·布鲁克紧接着就设计了一艘冲角铁甲舰，该舰的服役改变了内战中水上战争的面貌。工人们将其船体切割至船台甲板，并且建造具有斜度的炮塔和 10 个炮门。炮塔外围包着 609 毫米的橡木和松木以及 102 毫米的铁板。

汉普顿锚地

1862 年 3 月 8 日，“梅里马克”号改名为“弗吉尼亚”号，它航行至汉普顿锚地，此时海军准将富兰克林·布坎南看到了有五艘联邦海军的战舰在抛锚。最开始“弗吉尼亚”号紧跟着“国会”

炮塔：该舰船的炮塔 52 米长，它的舷侧倾斜角度有 36 度。

杰·琼斯停止了“弗吉尼亚”号对“明尼苏达”号的进攻，撤退至水位更深的伊丽莎白河。

第二天，联邦海军的“莫尼特”号抵达交战现场，这两艘铁甲舰在汉普顿锚地的交锋在战术上是个平局。后来，当邦联海军撤退至约克城，诺福克的里士满半岛落入联邦海军手中。“弗吉尼亚”号的吃水太深，无法撤退至詹姆斯河。5 月 11 日，它被爆破沉没。

号和“坎伯兰”号，随时准备与二者交战。来自“国会”号以及联邦海军沿海炮台的炮弹在考验着“弗吉尼亚”号的带有坡度的装甲，但收效甚微。当足够靠近了，布坎南下令打开了“弗吉尼亚”号的炮门，从右舷炮击“国会”号。然后，它又用冲角攻击了“坎伯兰”号，并留下了一个大洞。该舰的一名士官称其“大到可以通过一辆马车”。

由于“坎伯兰”号正在沉没，受损伤的“国会”号砍断锚链试图逃跑。“弗吉尼亚”号的吃水较深，使其无法追到更近处，只能保持在 183 米远处射击，但是它用无情的炮火从首至尾覆盖着无助的“国会”号。随后，“弗吉尼亚”号后退，把“国会”号留在熊熊烈火之中。

此时从门罗堡出发的三艘联邦海军护卫舰也参与了战斗，但是由于它们匆忙加入战斗，“弗吉尼亚”号让它们四处搜寻。海水开始退潮，在布坎南受伤后接过指挥权的海军中尉凯茨比·罗

技术参数：

排水量： 3629 吨

主尺度： 83.5 米 ×15.6 米 ×6.4 米

武器装备：
两门 178 毫米布鲁克火炮；两门 160 毫米布鲁克火炮；六门 228 毫米达尔格伦滑膛炮；两门 12 磅火炮

装甲：
船中：25~76 毫米；甲板：25 毫米；炮塔：102 毫米

机械装备： 双水平后置蒸汽机

航速： 10 节

船员定额： 150 人

邦联海军“阿尔伯马尔”号（1863）

邦联海军的“阿尔伯马尔”号是在北卡罗来纳州罗阿诺克河畔爱德华兹渡口建造的小型铁甲冲角舰船。它于 1863 年 4 月开始建造，7 月下水并于 1864 年 4 月在海军司令詹姆斯·库克的指挥下开始服役。它的船员定额是 150 人，但是仅仅装备有两门 162 毫米口径的线膛炮。

浅吃水是该舰船的最大优势，这一优势使得它可以通过联邦海军莫尼特型战舰无法通行的水域。

“阿尔伯马尔”号的首次军事行动是 1864 年 4 月 19 日作为陆海联军的一部分参与的北卡罗来纳州普利茅斯战役。它在此次战役中击沉了北方联邦海军的“萨斯菲尔德”号，并且击退了联邦海军的“迈阿密”号及另外两艘炮艇，此举切断了联邦军驻军之间的水上联系。在陆军准将罗伯特·霍克领导下的一支邦联部队迅速占领了该城镇，利用步兵部队进行了攻击，同时也用炮兵和“阿尔伯马尔”号来进行炮击，最终迫使北方联邦军队投降。此次令人振奋的胜利使得霍克晋升为少将。

“阿尔伯马尔”号紧接着在 5 月 5 日参与了另一场军事行动，“Cotton Plant 和 Bombshell”行动抗击 7 艘联邦封锁战舰在罗阿诺克入口发动的攻击。“阿尔伯马尔”号和联邦海军“萨萨库斯”

内部：水不断地沿着内部舱壁缓缓流下，船员通常在岸上睡觉。

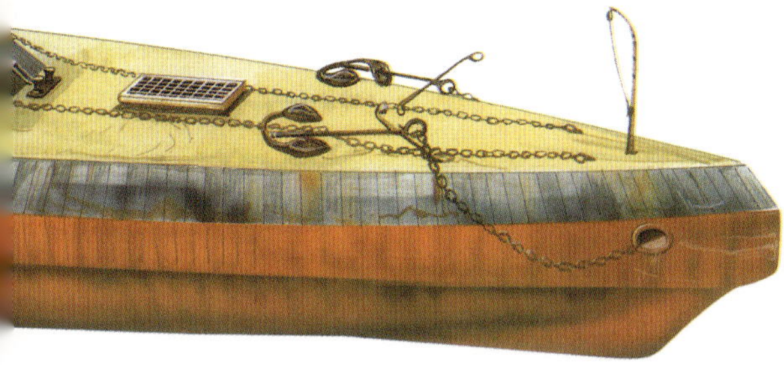

号展开了一场近距离战斗，其中包括冲角攻击、枪击、手雷攻击和炮击。这场持续了三个半小时的战斗最终在天黑时停止，“阿尔伯马尔”号退出了罗阿诺克。尽管此次战斗双方互有胜负以平局收场，但是“阿尔伯马尔”号的出现已经对联邦海军在北卡罗来纳水域迅速构成了威胁。为了早日解除这场危机，联邦军队 5 名战士在 5 月 25 日发起了突然袭击。目的是用两枚 45.3 千克水下炸弹摧毁邦联舰队，不过此次行动被一名负责放哨的警卫发现了，联邦部队只好撤退。

海军上尉威廉 · 库欣在 10 月 27 日到 28 日的夜里对“阿尔伯马尔”号发动了又一次大胆的突然袭击。库欣率领水雷艇“哨艇一号”向上游进入普利茅斯。邦联部队已经在“阿尔伯马尔”号周围安置好了一堆防护原木，但是库欣下令高速前进跨越原木来攻击障碍物，最终来到了目标周围。在枪林弹雨中，库欣依然设法在冲角的下方安置了炸弹，在“阿尔伯马尔”号上炸开了一个 1.8 米大的口子，导致其迅速沉没。为了逃跑，库欣划小船划行了 13 千米，但还是被“溪谷城市”号俘虏。14 名参与此次行动的战士，只有一名成功逃脱，两名溺亡，其余 11 名均被俘虏。

“阿尔伯马尔”号的沉没使得联邦军队又重新占领了普利茅斯。联邦军队占领以后就开始打捞“阿尔伯马尔”号，并在 1865 年 4 月将它带到了诺福克海军船厂，在 1867 年 10 月售卖之前该舰船一直保存完好。在经过了部分的重建后，“阿尔伯马尔”号现陈列在佐治亚州哥伦布的美国内战海军博物馆里。

技术参数：

排水量： 341 吨

主尺度： 48 米 ×10.8 米 ×2.7 米

武器装备： 两门 162 毫米线膛炮

装甲： 51 毫米钢板

机械装备：
两台水平布置非冷凝发动机，通过四台齿轮来驱动螺旋桨

航速： 4 节

船员定额： 150 人

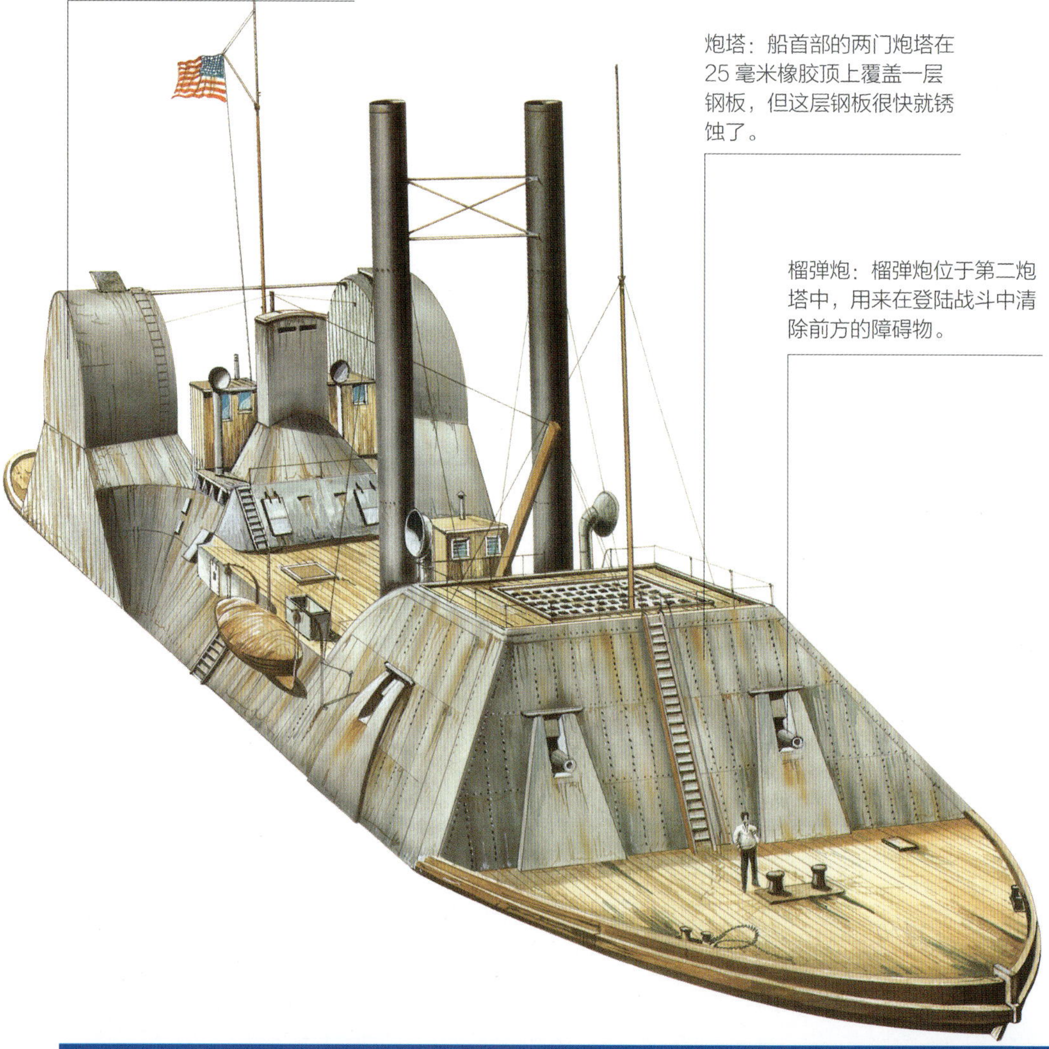

联邦海军“巢克图”号（1863）

联邦海军“巢克图”号最初是 1856 年在印第安纳州新奥尔巴尼建造的舷侧明轮推进的商用蒸汽机船。它在 1862 年 9 月被联邦政府购买，并且采用海军准将威廉·波特的想法开始将其改造为一艘战舰。“巢克图”号是一艘排水量为 911 吨，具有冲角的铁甲内河炮艇，它于 1863 年 3 月开始服役，并加入密西西比河战斗中队。

随着改造工作的进行，波特改变了其最初的设计构想，“巢克图”号的改装是最重要的一点。它的船长由原来的 74 米扩展为 85 米。不像之前的铁甲舰那样只有一个炮塔，“巢克图”号的建造者们安装了三个炮塔。第一个炮塔较小，朝着船首部，并且两侧是倾斜的结构。这个炮塔上装备有三门 228 毫米滑膛炮。就在船桨轮的前方，另外一个炮塔装备有两门 24 磅滑膛炮。在桨轮的后面是第三个炮塔，装备两门 30 磅线膛炮来保护船尾。这个炮塔是木制的，另外两个炮塔采用了不常见的设计，就是用 25 毫米的装甲钢板覆盖着 25 毫米的橡胶。这项技术的设计想法是橡胶能起到缓冲作用，并且把敌人射出来的子弹反弹出“巢克图”号。它的驱动轮也用一个防护性的盒子覆盖着。尽管“巢克图”号的外观看起来很壮观，但是它的航速却很低，逆着水流航行只有两节的速度，它的外观防护措施也没有达到预期的目的。

成功闯关

1863 年 4 月 16 日到 26 日，海军少将尤利西斯 · 格兰特在密西西比州的维克斯堡作战失利后，他向海军少将威廉 · 谢尔曼建议说舰队在契卡索陆岸附近分散行动是可行的。为了证明“非常可行”，谢尔曼在 4 月 29 日开始了此次行动，他命令士兵上了海军上将大卫 · 波特的运输船。作为此次行动的一部分，4 月 30 日谢尔曼的部队在邦联军队猛烈炮火的攻击下来到了海恩陡岸的附近。谢尔曼宣称在此次交战中，“巢克图”号遭到了 59 次的炮火袭击，“此次攻击却没有命中任何关键位置”，而且“非常奇怪，没有人受伤”。谢尔曼的此次攻击成功迫使邦联海军上尉约翰 · 彭博顿把其已经派往南方海恩陡岸附近去对抗格兰特的部队重新集结。5 月，“巢克图”号参与了占领亚祖城的行动，并且摧毁了设在那里的邦联海军的船厂。

6 月 7 日，“巢克图”号又帮助击退了攻击路易斯安那州米里肯的邦联部队。1864 年春天，“巢克图”号加入了红河战役，然后于 1865 年 7 月退役，最终于 1866 年 3 月被出售。

技术参数：

排水量： 911 吨

主尺度： 85 米 ×14 米 ×2.4 米

武器装备：
冲角；3 门 228 毫米滑膛炮；两门 24 磅滑膛炮；两门 30 磅线膛炮

装甲：
炮塔上有 25 毫米钢板外加 25 毫米橡胶

机械装备：
两台发动机，活塞行程 2.4 米，来分别驱动两个明轮

航速： 9 节

船员定额： 106 人

联邦海军"基奥卡克"号（1863）

北方联邦海军"基奥卡克"号是一艘排水量 614 吨的铁甲舰船，是查尔斯·惠特尼在纽约城建造完成的。该舰船最初被命名为"摩德纳"号，但是在 1862 年 12 月下水前又被命名为"基奥卡克"号。"基奥卡克"号是一艘纵向安装有两个三联装固定炮塔的蒸汽动力铁甲舰。

它的装甲是由水平交错布置的铁条和木条组成，经常会被误认为是有一对炮塔的莫尼特型舰，"基奥卡克"号的这种不常见、也未经实战检验过的设计让人们对它持怀疑态度。它在 1863 年 3 月初开始服役。当月月底，"基奥卡克"号抵达了南卡罗来纳州的皇家港口水域，并且加入南大西洋封锁舰队序列。

1863 年 4 月 7 日，海军上将塞缪尔·杜邦命令舰队出击，进攻戒备森严的查尔斯顿。杜邦的计划是绕过莫里斯岛并且不开火，加速进入海

炮眼：每一门炮要通过三个互错 90 度布置的炮眼中的一个来进行射击。

湾，向萨姆特堡尽可能近地开火。在萨姆特堡的火力减少之后，杜邦再集中火力攻击莫里斯堡港。由于杜邦舰队的头船“威霍肯”号在贯穿萨姆特堡东北海域到莫尔特里堡海域之间前进遭受到了阻碍，该计划遇到了麻烦。毫无疑问，这次时间上的延误破坏了杜邦绕过南方邦联海军火力集中点的计划。到下午 3 点，杜邦的舰队遭受到了 100 门邦联海军火炮和迫击炮的攻击。大约过了 15 分钟，杜邦命令舰队开始还击。

交战

大约持续了两个小时，邦联海军和联邦海军在 500~730 米的海域内交火。邦联海军的炮火更加精准，成功命中 400 余次，沉重打击了几艘莫尼特舰。此次交战火力不对等，邦联海军开火 2229 次，而联邦海军仅仅有 139 次。杜邦在黄昏时分终止了该行动，在寄给他妻子的信中这样写道“正如我所先前确信的那样我们已经战败了”。邦联海军成功守住了这些港口。在此次交战中，“基奥卡克”号吸引了敌方超乎想象的关注。它航速很快，先于其他舰船到达离萨姆特堡 550 米的一条狭长水域。它在这个易受到攻击的位置停留了一个半小时，遭受到了邦联海军四面八方炮火的“特殊关注”。“基奥卡克”号遭到了 90 次的炮火攻击。它水平交错的装甲设计未能提供足够的防护，有五分之一的命中炮弹击穿了它水线以下的船体。它只能选择撤退，并且在交战海域以外的地方抛锚，不料竟在 1863 年 4 月 8 日沉没。

“基奥卡克”号在服役了仅仅 1 个月后就结束了它短暂的生涯。步步紧逼的邦联海军紧接着开始打捞工作，他们在残骸中用渔网捞起了两门很有价值的 280 毫米达尔格伦炮，同时也发现了“基奥卡克”号的旗语通信手册以及破解联邦海军密码的关键材料。

技术参数：

排水量： 614 吨

主尺度： 48.62 米 ×11 米 ×2.59 米

武器装备： 两门 280 毫米达尔格伦炮

装甲： 102 毫米厚，部分覆盖着船体

机械装备： 四台冷凝式发动机驱动两个小型螺旋桨

航速： 9 节

船员定额： 92 人

邦联海军“密苏里”号（1863）

由于约翰·波特设计“密苏里”号时使用了现有的明轮驱动的主机，所以该舰的动力是由安装在船尾部被炮塔保护的明轮驱动。该舰在路易斯安那州什里夫波特建造完成，于 1863 年 4 月 14 日在海军上尉乔纳森 H. 卡特的指挥下下水。

卡特曾建议该舰船用当地的教区“卡多”的名字来命名，但是海军司令史蒂芬·马洛里拒绝采纳该方案。

“密苏里”号有 60 米长，它的炮塔被 114 毫米厚的铁轨钢板覆盖着，防止被击穿。它的机械设备来自一艘沉没的内河船舶。尽管在设计的时候计划装备 6 门重型火炮，但是卡特却仅从俘获的“印第安纳”号上收集了一门 279 毫米和一门 228 毫米的达尔格伦炮，还有一门 32 磅的攻城加农炮。

“密苏里”号“时刻准备着参加战斗”，它在 1863 年 9 月 12 日加入了邦联海军战斗序列。该舰的指挥官，海军中尉查尔斯·方特勒罗伊对该舰却是印象平平。他告诉卡特说：“希望这艘

联邦海军“桑达斯基”号

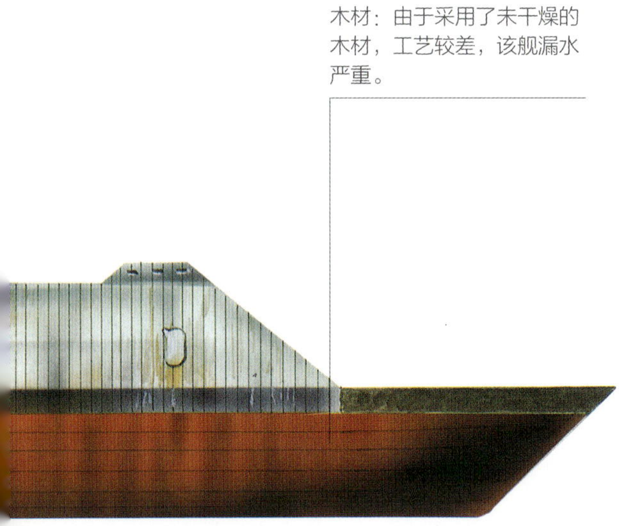

该死的战舰会沉没，如果有办法，我永远不会在这艘舰上工作。”

“密苏里”号却有一个令人难忘的服役生涯，从未参与过战斗行动，但却在什里夫波特和亚历山德里亚之间沿着红河流域进行着运输和采矿工作。它在什里夫波特于 1865 年 6 月 3 日向联邦海军投降，它这是最后一艘邦联海军铁甲舰在自己的海域投降。它于 1865 年 11 月 29 日在伊利诺伊州芒德城被售卖。

联邦海军“桑达斯基”号（1865）

“桑达斯基”号是一艘由约瑟夫·汤普林森、安德鲁·哈特里和塞缪尔·莫罗共同在宾夕法尼亚州的匹兹堡建造的一艘玛丽格特级的钢质船体的内河铁甲舰。它比其他的战舰更宽、更短、吃水更浅，并装备有一个独立的炮塔，还有相应的轻质装甲。炮塔的装甲仅有 152 毫米厚，舷侧装甲厚 38 毫米。

“桑达斯基”号和“玛丽格特”号合同的签署时间是 1862 年 5 月 16 日，建造时间预计在 150 天。7 月 23 日，海军建造工程师爱德华·哈特现场指导建造工人如何开始工作，并对合同进行了修改，增加了许多昂贵的附件，这样建造的就不再是一艘简单、廉价的内河船舶了。哈特里告诫自己和他的团队，现在正需要建造一艘更大、更复杂、造价更高的船舶。建造进程在延误了许久后，“桑达斯基”号错过了战斗。它最终于 1865 年 12 月 26 日才完成建造，并在 1866 年 4 月 25 日被纳入海军序列，但是从未真正服役过。

“密苏里”号技术参数：

排水量：未知

主尺度：60 米 ×16 米 ×2.6 米

武器装备：
一门 279 毫米达尔格伦炮；一门 228 毫米达尔格伦炮；一门 32 磅攻城加农炮

装甲：114 毫米

机械装备：
两台锥形阀的发动机，一根 2.1 米长、152.4 米长的传动轴

航速：6 节

船员定额：未知

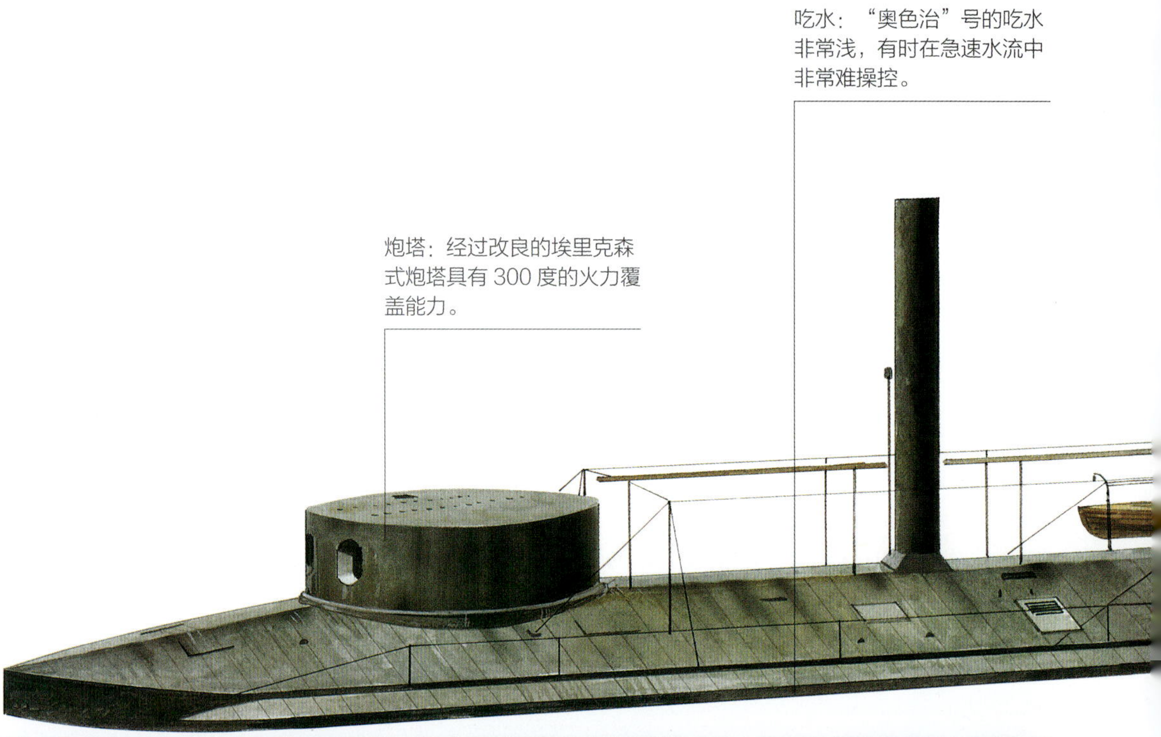

联邦海军“奥色治”号（1863）

联邦海军“奥色治”号在密苏里州的卡龙德莱特联邦钢铁厂由詹姆斯·伊兹负责建造完成，并于1863年7月开始服役。该舰排水量是474吨，是尼欧肖级的单炮塔的内河铁甲舰，设计航区是在密西西比河西部浅水区。

下水之后发现这艘尼欧肖级战舰的吃水比合同规定的要小，因此甲板和锅炉上的装甲又被拆去了一些。“奥色治”号的全回转的炮塔上有两门279毫米达尔格伦滑膛炮，一门12磅的甲板炮。但是，该舰尾部的推进系统无法满足达尔格伦炮360度火力配置的要求。

在海军上尉约瑟夫·康瑟的指挥下，该舰于1863年到1864年间在密西西比河流域作战。在1864年2月到3月期间，它参与了沿路易斯安那州的黑河和沃希托河的远征活动，然后它在指挥官托马斯·塞尔弗里奇的带领下参与了红河作战行动。此次行动中它的主要任务是抢掠邦联部队的棉花。它为海军司令大卫·波特的“列克星敦”号撤退到Grand Ecore的任务做后盾。在此次任务中它在浅水域抛锚，与布莱尔的登陆点相对。

1865年2月，该舰加入西部海湾封锁中队，并在莫比尔湾服役。3月下旬，它参与了攻击靠近亚拉巴马州莫比尔湾的西班牙港的行动。作为此

联邦海军“邓德贝格”号

次任务的一部分，在重新绘制布莱克利河的海图的时候，“奥色治”号触发了水雷，于3月29日沉没。船员中有5人死亡，11人受伤。它的主船体后来被打捞出来，并于1867年被售卖。

联邦海军“邓德贝格”号（1865）

联邦海军“邓德贝格”号是由约翰·伦索尔设计，W.H. 韦伯在纽约建造完成的。它本来要被设计成一艘远海航行的铁甲冲角护卫舰，该舰的排水量是6403吨。为了能满足在舷侧开火，该舰装备有16门火炮。该舰的设计有足够的强度，有双层底，防撞舱壁和一个巨大的橡木冲角。它于1862年末开始铺设龙骨，在1865年下水。到此时，由于建造工作拖期时间太久，所以海军拒绝接收该舰，它也从未正式服役过。作为海军削减舰船数量政策的一部分，海军在1867年把它退回了建造厂。韦伯接下来把它卖给了法国，法国购买它的目的是防止普鲁士入侵。它作为“罗尚博”号在法国海军服役，参加了1870年法国海军封锁普鲁士的舰队。

“奥色治”号技术参数：

排水量： 474吨

主尺度： 55米×13.7米×1.3米

武器装备： 两门279毫米达尔格伦滑膛炮

装甲： 舷侧63.5毫米厚；炮塔152.4毫米厚

机械装备： 两台非冷凝水平布置蒸汽机驱动一个螺旋桨

航速： 7.5节

船员定额： 100

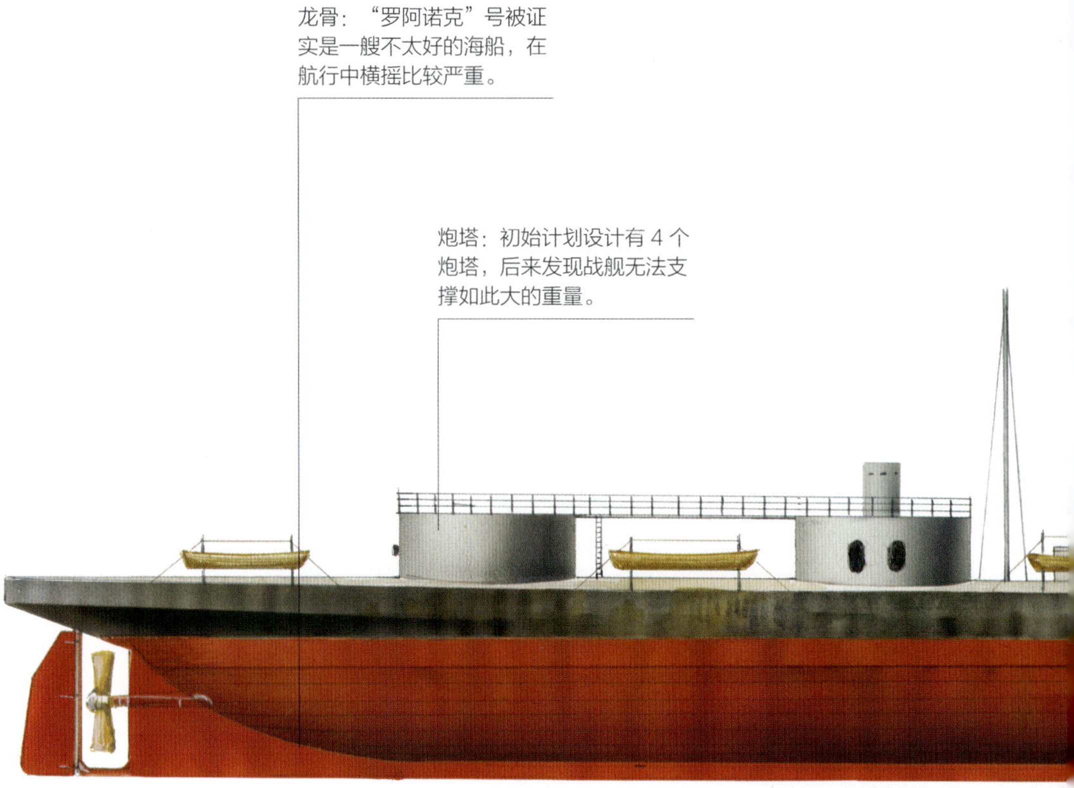

联邦海军“罗阿诺克”号（1863）

联邦海军“罗阿诺克”号是一艘排水量 4283 吨的蒸汽动力护卫舰，在弗吉尼亚州朴次茅斯的诺福克船厂建造完成。该舰在 1857 年 5 月开始服役，在美国内战爆发之前就开始其服役生涯了。该舰完成的最值得一提的任务是威廉·沃克在尼加拉瓜遇到阻碍时候护送其返回美国。

该舰在 1860 年退役，没料到的是在 1861 年 6 月又再次服役参加国内战争。“罗阿诺克”号在 1861 年花费大量时间参与在北卡罗来纳州和南卡罗来纳州的封锁作战。该舰是最早参与封锁作战的战舰之一，7 月 12 日它在恐怖角附近建立根据地。然后，该舰航行到弗吉尼亚州的汉普顿锚地，就在这个地方邦联铁甲舰“弗吉尼亚”号在 1862 年 3 月对它发起攻击。幸运的是，“弗吉尼亚”号只是把火力集中在更近、更易于进攻的目标上面，但是“罗阿诺克”号的船长约翰·马斯顿的确有报告称：“有一次炮火略过了前桅杆，切断了两根桅杆索，许多炮弹在舰船附近爆炸，散开

开始时加装得更多。“罗阿诺克”号上装备的六门大型火炮是一个很有用的震慑，来防止邦联海军的铁甲舰逃离詹姆斯河。战争结束后，该舰被派往纽约，并于1865年退役。

的碎片掉落在甲板上。”“罗阿诺克”号也向“弗吉尼亚”号开火射击，但是它的主炮无法完全覆盖敌舰。

“罗阿诺克”号接下来被送到纽约退役，并且开始把蒸汽动力护卫舰改造成一艘大型的三炮塔铁甲舰。在1862年3月下旬到1863年6月，该舰被拆解后重新建造。建造工作期望花费较少的时间，但是装甲的供货和安装出现了问题，因此减缓了建造进程。当改造工作完成后，该舰被派往汉普顿锚地执行封锁任务。在此次向南的远航中，发现该舰很不适合在开放的海域进行战斗。

大型火炮威慑

“罗阿诺克”号的吃水较深，这让它很难进入主要的运河和海峡，但是随着战争的深入，联邦部队开始给他们的封锁战舰增加装备，比战争刚

技术参数：

排水量： 4283吨

主尺度： 80.37米×16米×7.16米

武器装备：
两门254毫米达尔格伦炮；四门203毫米达尔格伦炮

装甲：
舷侧114毫米厚；炮塔279毫米厚；甲板38毫米厚；驾驶室228毫米厚

机械装备：
两台水平布置的直接驱动式发动机，743千瓦，驱动一台齿轮传动装置

航速： 6节

船员定额： 350

邦联海军“萨凡纳”号（1863）

邦联海军“萨凡纳”号是六艘里奇蒙德级铁甲冲角舰中的一艘。该舰由亨利 F. 威林克在佐治亚州的萨凡纳船厂建造，该舰的装甲板在亚特兰大生产后运到萨凡纳进行切割、钻孔、安装。它由 101 毫米的铁装甲防护，装甲下面是 559 毫米厚的木材。

该舰具有传统的船体形式和炮塔，由单螺旋桨驱动。“萨凡纳”号的发动机是在佐治亚州的哥伦布建造完成，但是只是一台低功率发动机，只能使舰船达到 6 节，需要花费 30 分钟该舰才能完成全回转。该舰总长 52.5 米，宽 10 米，吃水 3.8 米。它的武器装备包括 2 门 178 毫米线膛炮和 2 门 163 毫米布鲁克火炮。船员定额是 180 人。它于 1863 年 2 月 4 日开始铺龙骨，1863 年 2 月 4 日下水，并于当年 7 月开始服役，随后成为约西亚 · 塔特纳尔的萨凡纳河中队的旗舰，帮助守卫萨凡纳河水域。

1863 年 4 月 10 日到 11 日，大规模的联邦部队通过炮击迫使普瓦斯基港投降，这个港口是萨凡纳河的入口位置。这场胜利封锁了萨凡纳港，

武器装备：它的武器装备包括两门 178 毫米线膛炮和两门 163 毫米布鲁克火炮。

但是邦联军队已经在查尔斯顿到萨凡纳铁路沿线建立了强大的防御线，有助于保卫邦联内陆地区。邦联军在萨凡纳的行动很迅速，延缓了联邦军队的攻势。

首次参战

它的首次参战发生在 1864 年 12 月，此时海军少将威廉 · 谢尔曼进军佐治亚州途经萨凡纳。邦联军队的防御者很明显无法与强大的联邦军队相抗衡，“萨凡纳”号的船员们协助海军中尉威廉 · 哈迪沿河撤退，他们帮忙用浮筒搭了座简易的浮桥。

在谢尔曼的士兵们占领萨凡纳后，“萨凡纳”号又在那里和联邦军队交火，12 月 20 日它参加了对杰克逊堡的炮击。具有讽刺意味的是，这是整个战争中该舰仅有的几次向以前的邦联海军据点射击。撤退中，“萨凡纳”号不幸撞上了邦联军队自己布下的水雷，这使得谢尔曼声称该舰是“被困的雄狮”。12 月 21 日为了不被联邦军队俘获，塔特纳尔下令烧毁“萨凡纳”号。它沿着南卡罗来纳州的一条小河航行，然后起火烧毁。

技术参数：

排水量：368 吨

主尺度：52.5 米 ×10 米 ×3.8 米

武器装备：
两门 178 毫米线膛炮；两门 163 毫米布鲁克火炮

装甲：101 毫米厚的铁板覆盖着 559 毫米厚的木材

机械装备：低压蒸汽机

航速：6.5 节

船员定额：180 人

联邦海军“卡农库”号（1864）

联邦海军“卡农库”号是9艘排水量为1905吨的莫尼特级战舰之一。该舰在马萨诸塞州的波士顿建造完成，并于1864年4月开始服役。从1864年5月直到年底它在弗吉尼亚州的詹姆斯河流域服役，并参与了数次同邦联海军的交战。

该舰在服役期间最显著的表现发生在1864年12月24日到25日，在首次攻击守卫北卡罗来纳州威尔明顿的费舍尔港行动中未能获得成功，这个港口是最后一个向邦联军队开放的海港。此次行动的失败是陆军和海军的配合失误所造成的，规模大但缺乏精度的炮击，以及混乱的陆路攻击导致了失败。为了节省仅有的弹药，邦联军的守卫者们开火次数有限但都很精确。仅“卡农库”号战船就受到了36次攻击。

联邦军队重新集结，在1865年1月13日实施了一次计划更周密，协同更好的攻击。海军上将大卫·波特命令近距离的所有五艘铁甲舰来吸引邦联海军的火力，因此敌军的位置就完全暴露在枪炮的火光中，波特所下令用精确的炮火打击

联邦海军“卡马拉祖”号

的莫尼特战舰。船舶的建造工作于1863年在纽约造船厂开始施工。由于内战不再需要此类战舰，建造计划延期至1865年11月27日，而且没有再继续施工。这艘未建造完成的战舰在1869年6月15日被重新命名为“巨像”号，但却从未服役过。在1884年该舰被拆解。

船体内部：莫尼特级的战舰的舒适性不佳，因为钢铁的船体上凝结下来的水珠造成的潮湿感。

敌人火力点，帮助联邦海军成功占领了这个港口。邦联海军的炮火打飞了“卡农库”号的船旗，但船上的军需主任丹尼·史蒂文森勇敢指挥作战，为自己赢得了第三枚荣誉勋章。

“卡农库”号退出一线战场在南卡罗来纳州查尔斯顿驻扎下来。它为了搜捕邦联海军铁甲舰“石墙”号远航至古巴哈瓦那。它于1865年6月末退役，后来又在1872年到1877年在大西洋海岸和墨西哥湾巡洋舰队重新开始服役。该舰没有再参与其他的战役，但是又在1907年中期被拖回弗吉尼亚州的汉普顿锚地，在詹姆斯镇的博览会上进行展览。第二年它作为内战时期海军大型莫尼特级最后幸存的样品被当成废旧船舶售卖。

联邦海军“卡马拉祖”号

联邦海军“卡马拉祖”号是一艘具有双炮塔

“卡农库”号技术参数：

排水量： 1905吨

主尺度： 69米×13.31米×4.11米

武器装备：
两门381毫米达尔格伦式滑膛炮

装甲：
炮塔：254毫米；舷侧：127毫米；驾驶室：254毫米

机械装备： 两台双缸水平布置的发动机驱动一个螺旋桨

航速： 8节

船员定额： 85人

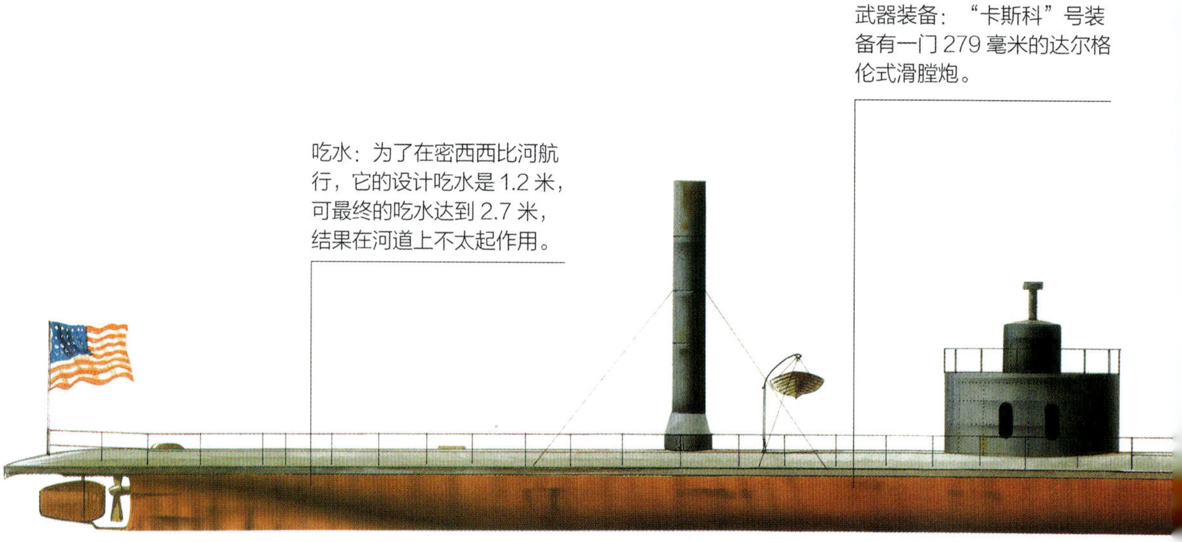

联邦海军"卡斯科"号(1864)

为了能够在水深非常浅的水域航行，比如密西西比河的小支流，需要发展浅吃水的莫尼特级战舰，海军部开始着手准备一个建造 20 艘卡斯科级战舰的"糟糕"设想。

最初的设计听上去很合理，但是设计者阿尔班 · 西门子随后又增加了整个船舶的重量，却忽略了补偿船体的附加应力。这个设计缺陷开始显现时候，西门子被开除出项目组，设计莫尼特舰的著名设计师约翰 · 埃里克森被征召来继续改进这个项目。

埃里克森的解决方案是抬高船体的高度大约 60 厘米，却仍然给船舶增加了多余的重量。在最初预定的 20 艘战舰中，仅有三艘："卡斯科"号、"季莫"号和"那巴克"号参与了内战。即便这样，这些战舰也都被移除了炮塔改造成水雷艇。除了安装的水雷外，每艘艇都安装了一门无炮塔的 279 毫米）的达尔格伦炮。

"卡斯科"号于 1864 年 5 月在马萨诸塞州波士顿的大西洋船厂完成下水。在改造为一艘水雷艇后，它于 1864 年 12 月 4 日开始在 C.A. 克鲁

邦联海军“亨茨维尔”号

水雷艇：“卡斯科”号和它的姊妹船在建造期间就已经改造成水雷艇了，但它们只有 5 节的低航速又使得在同类船型中无所作为。

克的指挥下参战。1865 年 3 月“卡斯科”号被拖到汉普顿锚地。该舰被委任守护之责，在詹姆斯河中作战，辅助联邦海军的先头部队进军里奇蒙德。4 月中旬，该舰进入马克舰队序列，一直持续到战争结束。在 1865 年 6 月 10 日正式在华盛顿纽约船厂退役，并于 1875 年被拆解。

邦联海军“亨茨维尔”号（1864）

“亨茨维尔”号是在莫比尔完成建造，并于 1863 年 2 月 7 日在亚拉巴马州赛尔玛下水的。它在海军中尉朱利安 · 迈尔斯指挥下开始服役。设计者本想把它设计为一艘铁甲舰，但实际上“亨茨维尔”号只是部分装备了装甲而已。

尽管这艘战舰的高压蒸汽机应该是佐治亚州的哥伦布海军钢铁厂提供的，但后来发现发动机是从一台内河蒸汽机改造而来的。这些发动机被证实有缺陷，而且“亨茨维尔”号也缺少完整的炮火装备。正是由于这些缺点和不足，它除了守卫莫比尔周边水域外，没有参加其他的战役。1864 年 8 月 5 日邦联海军在莫比尔湾战败后，它撤到了西班牙河附近。1865 年 4 月 12 日联邦海军在海军上将爱德华 · 坎比指挥下攻城，它在距离莫比尔 19 千米处沉没。

“卡斯科”号技术参数：

排水量： 1066 吨

主尺度： 68.6 米 ×13.7 米 ×2.7 米

武器装备： 一门 279 毫米达尔格伦式滑膛炮；一枚水雷

装甲： 未知

机械装备： 两台直接传动的发动机驱动两个螺旋桨

航速： 9 节

船员定额： 120 人

联邦海军“独裁者”号（1864）

联邦海军“独裁者”号是一艘由约翰·埃里克森设计的单炮塔莫尼特级铁甲舰，尺寸是原型“莫尼特”舰的两倍大。“独裁者”号代表了埃里克森的设计理念——能在大洋上航行的莫尼特级战舰。尽管它的吃水较大使其在海中更自如，但却降低了在近海海域的航行效率。埃里克森最初打算将其命名为“保卫者”号，但海军部却倾向一个听起来更吓人的名字。

“独裁者”号的排水量是4026吨，总长95米，装备有两门380毫米达尔格伦炮。它的装甲防护令人印象深刻，炮塔上是381毫米，驾驶室是305毫米），舷侧是152毫米，甲板上是38毫米。安装在炮塔后面的通风管让该船具有独特的外形。

“独裁者”号区别于以前设计的地方是它的大尺寸。外飘的上船体很少被提及，船首部的上船体和下船体部分建在了一起，形成了一种独特的

首部结构，其结果是船体线形更简洁，更利于布置船的主机。埃里克森希望船舶流线形设计可使它获得16节的航速，但“独裁者”号却只能达到9节。该舰于1863年12月26日在纽约的德拉梅特钢铁厂下水。

封锁任务

1864年12月11日它在约翰·罗杰斯的领导下，带着174名船员开始服役。后来该舰被分配加入北大西洋封锁战队，参与攻占北卡罗来纳州费舍尔港的行动，但是主机过热的问题使其无法完成此次行动。相反，“独裁者”号从1864年12月15日开始在大西洋沿岸巡逻，直到1865年9月5日在联盟岛海军船厂退役。战争结束后，它数次服役又退役，最终于1883年9月27日被作为废船售卖。

技术参数：

排水量： 4026吨

主尺度： 95米 ×15米 ×6.25米

武器装备： 两门380毫米达尔格伦式滑膛炮

装甲：
炮塔：381毫米；舷侧：152毫米；驾驶室：305毫米

机械装备：
两台主机驱动一个6.5米直径的螺旋桨，发出1000马力746千瓦

航速： 9节，但通常只能到6节

船员定额： 174人

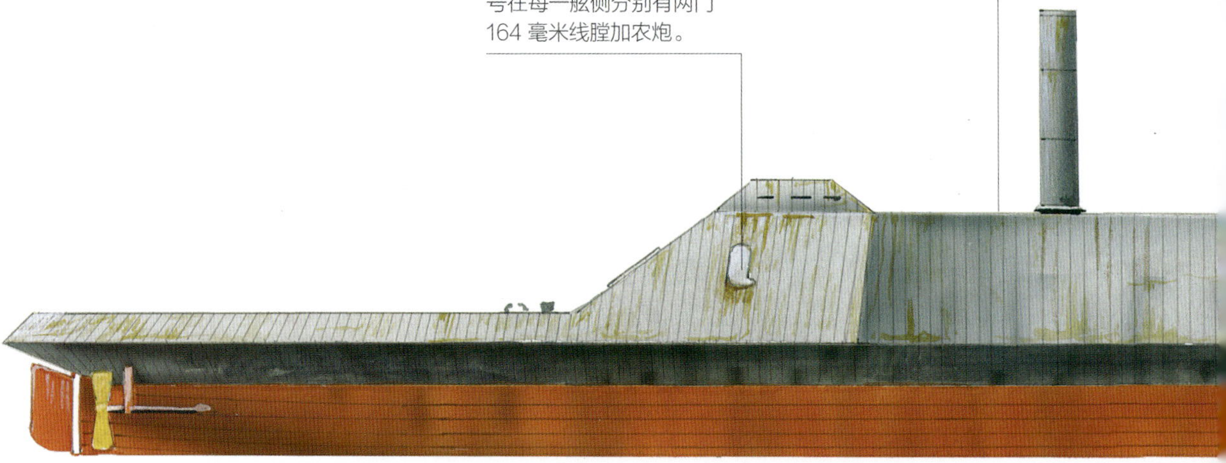

邦联海军"弗雷德里克斯堡"号（1864）

邦联海军"弗雷德里克斯堡"号是一艘四门火炮版本的加长阿尔伯马尔级铁甲舰。该舰在弗吉尼亚州的里士满建造完成，其中也有邦联控制区妇女们的贡献。1862 年 3 月 17 日，里士满当地的新闻报道呼吁全社会为保卫弗吉尼亚来筹集资金建造铁甲舰。报道讲述了南卡罗来纳州和佐治亚州的妇女自己筹钱建造了类似的舰船。

此次倡议促使里士满妇女防卫联合会在 4 月 4 日成立。类似的组织也在南方其他城市陆续建立起来。里士满联合会筹集到了至少 3 万美元，为了表彰该基金会的贡献，"弗雷德里克斯堡"号、"查尔斯顿"号和"佐治亚"号也被称为"妇女功勋舰"。

报道说"弗雷德里克斯堡"号在 1863 年 11 月 30 日完成建造后一直在等武器装备，并于 1864 年 3 月开始服役。这艘 57 米长的舰船由托马斯 · 鲁茨指挥，加入了詹姆斯河编队，此后一直在此流域参与战斗，直到战争结束。

海岸行动

1864 年 9 月 29 日，联邦军队发起了一场大规模攻击，企图占领邦联政府的哈里森港，并且威胁查芬悬崖。罗伯特 · 李上将请求詹姆斯河编队支援，于是鲁茨率领"弗雷德里克斯堡"号和"里

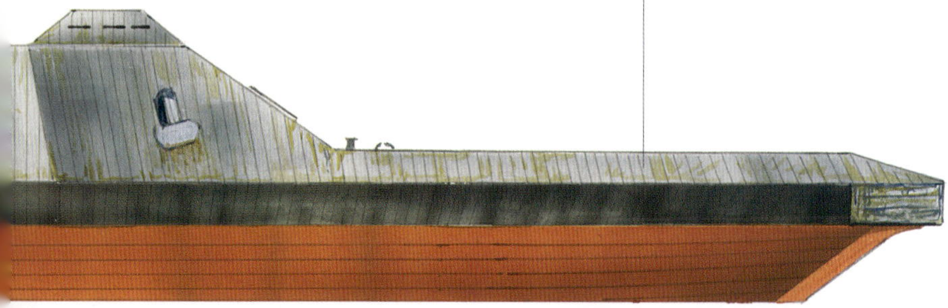

士满”号沿河流来到金斯兰牧场，在靠近哈里森北面的河中与联邦军队展开激战。一名海军士官上岸来观察炮火的有效打击范围，发现炮火在陆地上射程太近，可能伤及友军。鲁茨下令增加线膛炮的发射药装药（从 5 千克加到 6 千克），并把舰船移动到查芬悬崖的正下方。

调整后炮火能够延伸至哈里森港，击退了那里的联邦军队。舰队持续地开展炮火有效打击，并且只遭受敌军很少的反击。然而，意想不到的事情发生了，“弗雷德里克斯堡”号的一门 179 毫米布鲁克线膛炮发生了膛炸。

1865 年 1 月 23 日，“弗雷德里克斯堡”号、“弗吉尼亚”二号、“里士满”号以及五艘小型战舰一起来到詹姆斯河，准备袭击联邦军队在城内的供给仓库。“弗雷德里克斯堡”号的船员们清除了联邦海军在河内放置的障碍物。尽管此次行动让邦联舰船得以向前攻进，但联邦战舰“奥农达加”号及时抵达，击退了邦联海军的进攻。

随着联邦部队推进到里士满和彼得斯堡，海军少将拉斐尔·希姆斯命令“弗雷德里克斯堡”号以及周边的其他船舶在 1865 年 4 月 3 日自沉。

技术参数：

排水量： 635 吨

主尺度： 57 米 ×12.27 米 ×2.90 米

武器装备：
一门 280 毫米滑膛加农炮；一门 204 毫米线膛加农炮；两门 164 毫米线膛加农炮

装甲： 102 毫米

机械装备： 蒸汽机

航速： 5 节

船员定额： 150 人

邦联海军“杰克逊”号（1864）

邦联海军“杰克逊”号通常被人们熟知的名字是“马斯科吉”号。在内战的最后几天，当联邦军队攻击佐治亚州哥伦布市时它才快完成建造，在 1864 年 12 月 22 日下水。哥伦布市是南方几个工业中心之一，在为邦联军队军需部门供货方面仅次于弗吉尼亚州的里士满。

在“杰克逊”号建造中起到重要作用的是哥伦布钢铁厂，这个钢铁厂在 1853 年建立，主要生产农业设备，但是随着内战的到来，它已经变成了加农炮、武器、弹药和船舶机械的主要供货商。而且也是哥伦布地区的重要海军造船厂，在海军中尉奥古斯都·麦克劳克林的指挥下，它已经给许多的邦联海军铁甲舰提供了主机。1864 年 6 月邦联海军“查特胡奇”号曾前往该船厂进行维修和主机、锅炉的安装工作。

哥伦布市也是主要的铁路和船舶运输网络的基地，是查特胡奇内河航运的枢纽。邦联军希望能有舰船通过查特胡奇河入海，来破坏联邦军的封锁

行动，"杰克逊"号的建造合同在 1862 年由邦联政府下达，但是在建造过程中经历了数次延误。

船坞工作

最后，在 1865 年初期"杰克逊"号开始船坞内的装配工作。该舰接近 68 米长，16 米宽，总排水量是 1814 吨。该舰是邦联政府建造的最大铁甲舰。在1865年3月22日，联邦陆军准将詹姆斯·威尔逊展开一场从亚拉巴马州西北角开始的骑兵突袭，并于 4 月 2 日攻占了塞尔玛，在 4 月 12 日又攻占了蒙哥马利，然后把注意力集中到哥伦布市上。

威尔逊在 4 月 16 日击溃了邦联部队无力的抵抗，他的部队开始破坏哥伦布市的工业设施，包括钢铁厂。联邦军队点燃了"杰克逊"号，让其在河中漂流。大火差不多持续了两周，最后它在距离哥伦布南部 48 千米河中沉没。1961 年完成的"杰克逊"号的打捞工作是项艰巨的任务，目前它陈列在哥伦布市的美国内战海军博物馆里。

技术参数：

排水量： 1814 吨

主尺度： 68 米 ×16 米

武器装备： 两门 32 磅炮

装甲：
102 毫米厚的铁板覆盖着 508 毫米白橡木

机械装备： 蒸汽机

航速： 未知

船员定额： 75 人

邦联海军“纳什维尔”号（1864）

1862 年 9 月 16 日，邦联海军秘书长史蒂芬·马洛里同两家建造厂签署合同，在蒙哥马利市建造铁甲舰“纳什维尔”号，造价接近 67 万美元。于是该舰在城市码头柏溪入口的一个改进的船厂开始建造。

佐治亚州哥伦布市的海军钢铁厂指导着建造工作，并且为“纳什维尔”号战舰提供两台蒸汽机。它于 1863 年 5 月 20 日在亚拉巴马河下水，总长为 83 米，型宽 19 米，“纳什维尔”号亚拉巴马河是艘大型战舰，它的排水量是 998 吨。

“纳什维尔”号随后沿河向下游的位于塞尔玛的海军船厂驶去，进行进一步的装配工作，然后被拖航到莫贝尔。该舰型深 3.9 米，吃水 3.27 米，穿过仅有 3 米水深的浅河需要一定的创新性，“纳什维尔”号不得不要装备一种叫作“骆驼”的浮体装置。这个问题解决后，它于 1863 年 6 月 16 日抵达莫贝尔湾，这里是它计划要完成包覆装甲的地方。由于钢板短缺，该舰从未完整的装备装甲，大部分装甲是从退役的邦联海军“波罗的海”

装甲：由于装甲的角度特殊，因此炮管更长一点的火炮比常见的火炮更实用。

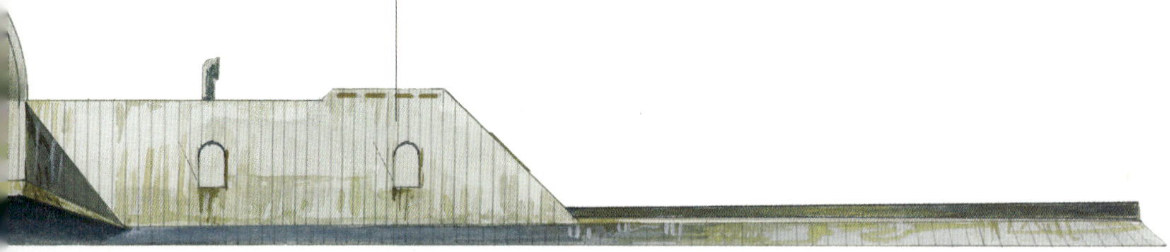

号那里获取的。

短处

“纳什维尔”号在获取武器装备方面也存在问题。本来计划要在塞尔玛装备一门 24 磅的榴弹炮和七门铸造的布鲁克线膛炮，该舰船的装甲具有一定斜度，因此需要更长的火炮。塞尔玛的钢铁厂只能够完成其中的 3 门。该舰其他的劣势表现在暴露于外的明轮和低航速。

尽管如此，联邦海军还是对“纳什维尔”号的威胁非常关注，“田纳西”号暗中在莫贝尔湾实施攻击。战斗终于在 1864 年 8 月 5 日打响，但是此时“纳什维尔”号依然未完全做好准备，没有参加战斗，它在莫贝尔湾的上游港口抛锚。

“纳什维尔”号在战争即将结束时参与了一次快速行动，它是邦联海军的最后几艘能与联邦政府抗衡的主力舰之一。在 1865 年初，联邦海军向着莫贝尔湾的东岸进军，“纳什维尔”号为邦联军队的守卫者提供了有效的炮火支援，直到 4 月 9 日邦联军队撤离西班牙港。“纳什维尔”号随后在船长埃比尼泽的指挥下撤退到托姆比特河，5 月 10 日埃比尼泽放弃了“纳什维尔”号和其余的舰船。联邦政府在 1867 年 11 月 22 日售卖了“纳什维尔”号，后来它被当成废料拆解。

技术参数：

排水量： 998 吨

主尺度： 83 米 ×19 米 ×3.27 米

武器装备：
三门 180 毫米布鲁克线膛炮；一门 24 磅榴弹炮

装甲： 63.5 毫米

机械装备： 蒸汽机

航速： 未知

船员定额： 86 人

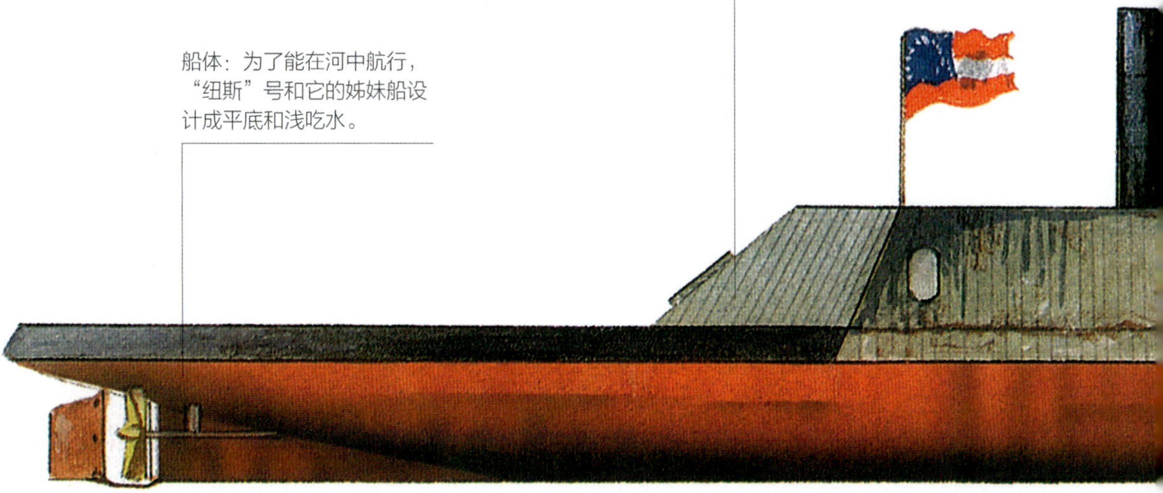

邦联海军“纽斯”号（1864）

“纽斯”号的建造工作被称为“战时邦联海军困境的缩影”。建造工作是在北卡罗来纳州怀特霍尔的纽斯河沿岸开始的。实际上困扰中尉指挥官詹姆斯·库克的早期问题之一是联邦军队总是在该地区进行间歇性的袭击，而他正是被派往此地负责监管该建造工作的。

库克的担心在1862年12月14日变成了现实，此时联邦军队在骑兵指挥官约翰·福斯特的指挥下在金斯顿击溃了邦联军，并且向纽斯河南岸开始行进，追击撤退的敌军到达了怀特霍尔。福斯特的士兵在“纽斯”号的建造初期阶段发现了它，并期望一举摧毁它，但遭到了邦联军队的抵抗，最终没有实现。“纽斯”号事实上已经被联邦军队的炮火袭击了数次。尽管该战舰没有遭到严重创伤，但是建造工作却因此而延误。

在福斯特的军队撤离了怀特霍尔，建造工作才得以恢复。在1863年3月中旬“纽斯”号开始沿河向金斯顿航行，在这里它可以获得装备、机器设备和钢板。但是，当“纽斯”号抵达了金斯顿后，官僚主义问题以及设备的短缺又造成了额

武器装备："纽斯"号携带了两门 163 毫米的布鲁克线膛跑。

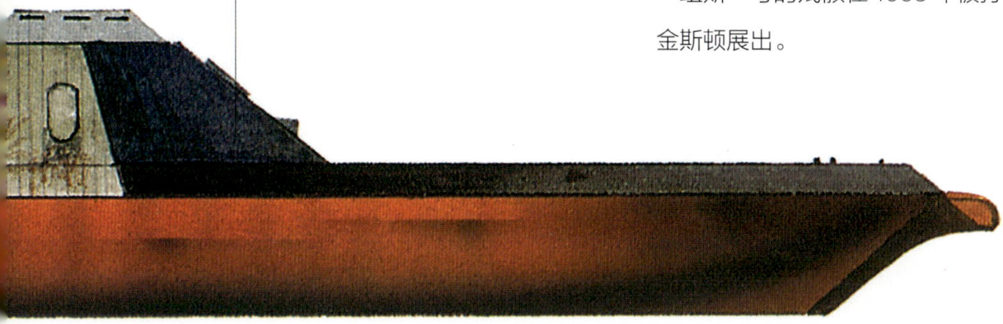

外的延误。从弗吉尼亚州里士满送来的机器设备直到 1864 年才到达。与此同时，邦联军没能重新占领新伯尔尼，这使得"纽斯"号的完工变得更加重要。1864 年 2 月，邦联海军秘书史蒂芬 · 马洛里调遣中尉罗伯特 · 迈纳赶往金斯顿来加速完成炮艇的建造工作。

搁浅

尽管建造工作还没完工，但是战争形式迫使邦联海军下令让"纽斯"号和它的姊妹船"阿尔伯马尔"号一起参与到反攻新伯尔尼的行动中。1864 年 4 月 22 日，"纽斯"号失去动力，几乎无法沿河航行，最终在沙洲上搁浅。5 月中旬河水上涨，"纽斯"号才得以恢复航行，但是它返航回到了金斯顿而不是去攻打新伯尔尼。它的建造是在 6 月才完工，此时邦联军队已不再需要它来参与攻击行动，"纽斯"号因此闲置。

由于邦联军的物资供给几乎崩溃，联邦军在 1865 年春天开始总攻。守卫工作变得徒劳，3 月 12 日"纽斯"号开始向着进攻的敌军骑兵开火。然后，船长约瑟夫 · 普莱斯下令将"纽斯"号凿沉。船员开始在战舰上放火，船首部左舷发生大规模爆炸，最终这艘不幸的战舰沉没。经过两年的努力，"纽斯"号的残骸在 1963 年被打捞起来，目前在金斯顿展出。

技术参数：

排水量：大约 341 吨

主尺度： 46 米 ×10 米 ×2.7 米

武器装备： 两门 163 毫米布鲁克线膛炮

装甲： 100 毫米包覆着 100 毫米橡木

机械装备： 蒸汽机

航速： 4 节（估算）

船员定额： 150 人

联邦海军“麦顿莫”号

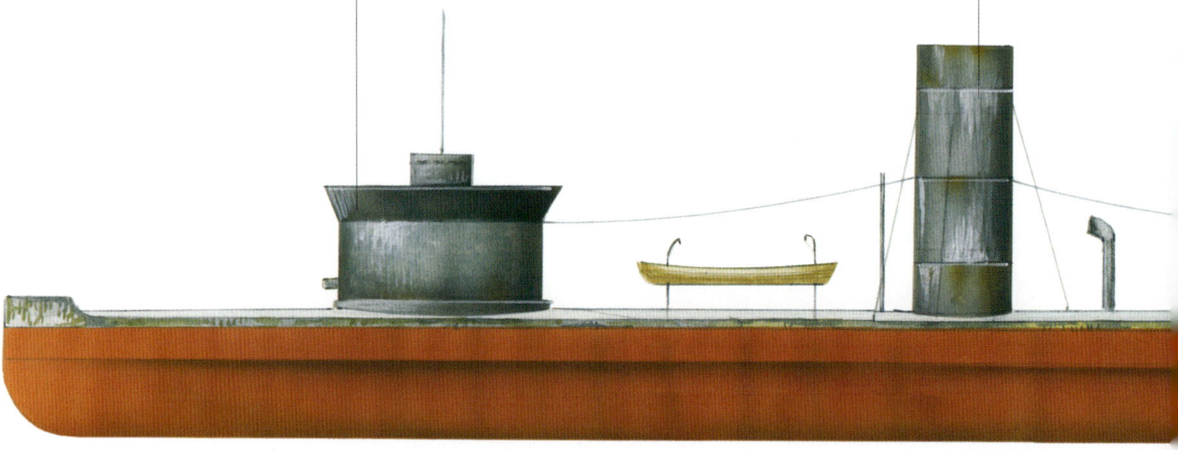

联邦海军“奥内达加”号（1864）

联邦海军“奥内达加”号在纽约市的绿点区建造完工，在 1863 年下水，并于 1864 年开始服役。该舰具有 2351 吨的排水量，69 米长，它具有两个旋转炮塔，装备有四门火炮而不是两门火炮，这在美国内战中的铁甲舰里尚属首例。

该舰的船员是整合而成的，1864 年 12 月的舰员名单中至少有 18 名黑人。“奥内达加”号的整个战争生涯都是在詹姆斯河中队，活动于滨河接近弗吉尼亚州里士满的流域。当该中队的其他战舰被派往北卡罗来纳州参与攻击费舍尔港行动时，“奥内达加”号作为留下的唯一一艘莫尼特级战舰，支援同其他木制战船守卫着位于城中的联邦军供给仓库。1865 年 1 月 23 日，邦联海军的铁甲舰“弗吉尼亚 II ”号、“里士满”号、“弗雷德里克”号以及五艘小型战舰沿詹姆斯河试图来攻击联邦据点。邦联海军已经顺利通过布雷迪港，但是沿河航行到特伦特区域时遭到阻碍。此次阻碍中断了邦联海军的进攻行动，搁浅了邦联军数艘战舰。就在此时“奥内达加”号及时赶到，趁着“弗吉尼亚 II ”号和“里士满”号搁浅之际对它们进行了炮击。在“弗吉尼亚 II ”号准备逃

114 毫米的铁板包覆了橡木。它的强劲动力是由本杰明·伊舍伍德设计的，能够达到 9 节的航速。唯一的设计缺陷是伦索尔依赖于木制的船体框架来支撑双炮塔。炮塔的重量削弱了舰船的结构的整体性，使得船体容易腐蚀和产生裂纹。

“麦顿莫”号 1862 年在布鲁克林的纽约海军船厂建造完工。1863 年 8 月 15 日下水，1865 年 9 月 18 日开始服役。它由指挥官丹尼尔·阿门指挥，但从未参与任何战争行动。

炮塔：“奥内达加”号是联邦海军第一艘双炮塔的莫尼特级战舰。

跑时，“奥内达加”号又在邦联海军战舰的装甲上炸开了一个口子。邦联海军战舰在河流的转弯处寻到了一个地点进行隐蔽，这里与查芬陆崖相对。“奥内达加”号成功解除了这次针对联邦供给仓库的威胁。

“奥内达加”号于 1865 年 6 月在宾夕法尼亚的费城退役。1867 年 3 月，它被卖给建造方，建造方又转卖给法国，最终在法国海军服役。

联邦海军“麦顿莫”号（1865）

双螺旋桨推进，木制船体的莫尼特级战舰“麦顿莫”号是由约翰·伦索尔设计的，这个设计取代了约翰·埃里克森的筏式船体，是更具有流线形的设计。它同时也升高了干舷，这种设计增加了舰船的适航特性但是降低了防护性。这种折中的设计最终被采纳，因为“麦顿莫”号的装甲是

“奥内达加”号技术参数：

排水量： 2351 吨

主尺度： 69 米 ×15 米 ×4 米

武器装备：
两门 381 毫米达尔格伦滑膛炮；两门 150 磅帕罗特线膛炮

装甲：
炮塔：279 毫米；船体舷侧 140 毫米；甲板 25.4 毫米

机械装备：
四台水平布置发动机驱动两个螺旋桨，驱动功率 479 千瓦

航速： 6~7 节

船员定额： 150 人

联邦海军“欧扎克”号（1864）

联邦海军“欧扎克”号是由詹姆斯·伊兹设计的，在西部水域服役的尼欧肖级莫尼特型舰之一。该舰的建造合同是和伊利诺伊州皮奥里亚的乔治·贝斯特签订的。它于 1863 年 2 月 18 日下水，1864 年 2 月 18 日在中尉乔治·布朗的指挥下开始服役。

建造商对装甲和机械设备的制造采取分包的形式，但是“欧扎克”号却有一些不同寻常之处。

“欧扎克”号有两个炮塔，其中一个装有两门 279 毫米的达尔格伦炮，另外一个装有一门 254 毫米和三门 228 毫米的达尔格伦炮。尼欧肖级战舰由尾部螺旋桨推进。但是这种设计的劣势是两门定位好的达尔格伦炮无法进行 360 度的全角度射击。

从 1864 年 3 月到 5 月，“欧扎克”号参加了红河行动。此次远征失败的主要原因是纳撒尼尔·班克斯少将的指挥失误。由于班克斯撤退至格兰伊克，而河水水位持续下降，在路易斯安那州亚历山大港瀑布上游只有 1 米的水深。当 4 月 28 日海军上将大卫·波特到达那里时，他的 9 艘

铁甲舰，包括“欧扎克”号，这些吃水 2 米的战舰都被困住了。这些战舰最终被约瑟夫 · 贝利上校设法解救，他提出在瀑布的最低点搭建一个大坝，那里的河流有 225 米宽。波特认为这个计划“看起来很疯狂，而且最好的工程师都认为很可笑”，但是在这种近乎绝望的情形下，班克斯还是给了贝利 3000 名船员和 400 辆马车来施工。

艰难的旅程

贝利的船员勤奋工作来搜集建造大坝所需的材料，士兵们在流速达到 9 节的齐腰的河水中拼命把建造工件安置妥当。到了 5 月 9 日，经过 8 天的艰苦劳作，上方瀑布的水位已经上涨到足够的高度，能够使被困的四艘战舰顺利通过水域。大坝的一部分开始坍塌，但是战船仍然通过了。接下来贝利又在瀑布上方搭建了一些小型的“翼坝”，5 月 11 日另外三艘战舰通过。第二天，轮到“欧扎克”号，它和“奇利科西”号一同通过。最后一艘战舰“卡尔布男爵”号仍然还差 152 毫米深的吃水，但是最终在精力充沛的贝利的指挥下，由 2000 名船员用直径 101 毫米的粗缆绳拖到了瀑布口。

“欧扎克”号在战争的其余时间没有参与任何战役，它于 1865 年 7 月 25 日在伊利诺伊州的芒德城退役，在 11 月 29 日被售卖。

技术参数：

排水量： 524 吨

主尺度： 55 米 ×15.3 米 ×1.5 米

武器装备：
两门 279 毫米达尔格伦炮；一门 254 毫米达尔格伦炮；三门 228 毫米达尔格伦炮

装甲：
炮塔：152.4 毫米；船体舷侧 63.5 毫米；甲板 31.75 毫米

机械装备： 四台发动机驱动两个螺旋桨

航速： 2.5 节

船员定额： 120 人

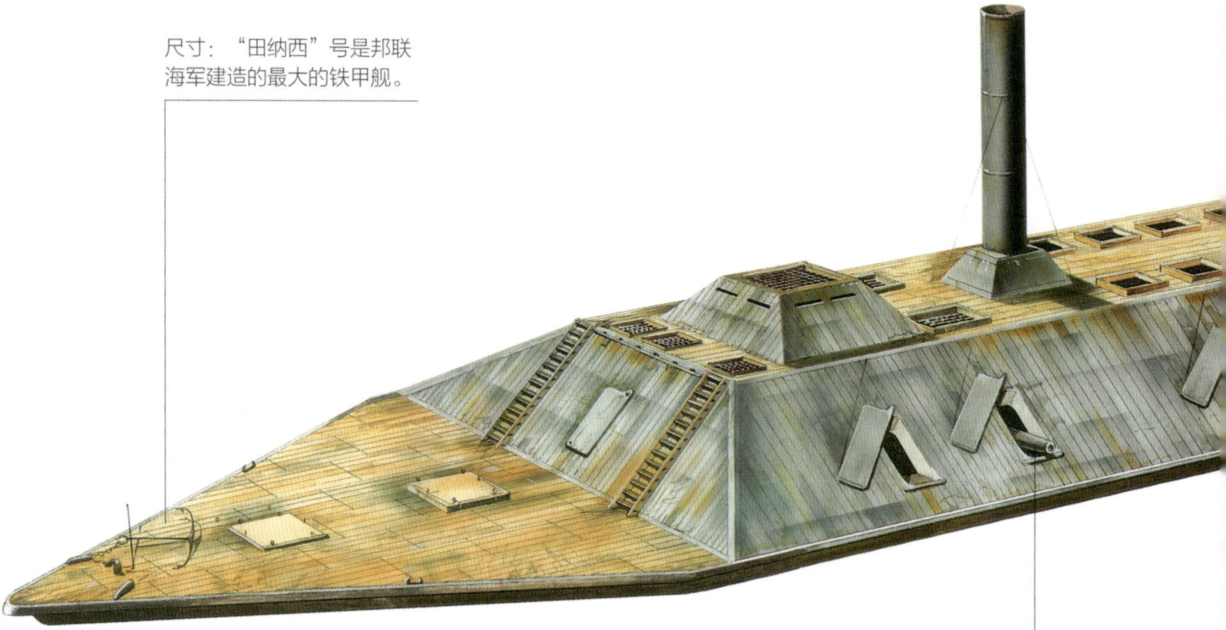

邦联海军“田纳西”号（1864）

邦联海军“田纳西”号的排水量是在亚拉巴马州的塞尔玛建造的 1155 吨冲角铁甲舰，它于 1863 年 2 月下水。它航行到莫比尔完成舾装作业，在 1864 年 2 月开始服役。它是邦联海军建造的花费最高，建造周期最长的战舰。

它的炮塔上具有 152 毫米厚的装甲，船体舷侧上有 127 毫米厚的装甲，甲板上的装甲是 51 毫米厚，并且有 6 门布鲁克线膛炮。在经验丰富的海军少将富兰克林 · 布坎南的指挥下，“田纳西”号对木制战船来说是很大的威胁。为了对抗“田纳西”号，海军少将大卫 · 法拉格特的联邦舰队又增派了四艘莫尼特级战舰。尽管如此，法拉格特仍然对“田纳西”号充满敬畏，因为据说它是邦联海军中最强大的铁甲舰。他是这样跟他儿子说的：“布坎南有一艘比‘梅里马克’号还要先进的铁甲舰，而且打算攻击我们 …… 因此我们不能等闲视之。”

法拉格特在 1864 年 8 月 5 日开始攻击莫比尔湾，他下达了有名的命令：别管该死的水雷，全速前进！他通过了摩根港和盖恩斯直达莫比尔

舷窗：当火炮在收回位置时，铁制的舷窗应该关闭，通常它们都关得非常紧密。

翰斯顿接替他指挥。由于“田纳西”号事实上已经处于瘫痪状态，弹药消耗殆尽，首部、尾部和左舷受创的舷窗也打不开了，约翰斯顿知道希望渺茫。他把现状向布坎南做了汇报，得到的答复是：“尽你所能，如果能做的都做了，那么投降。”“奥西埤”号用冲角狠狠的攻击了“田纳西”号，约翰斯顿“尽管已经心碎，还是决定升起白旗”。法拉格特取下了布坎南的佩剑作为对自己的奖赏。

联邦海军对这艘邦联海军战舰进行了修复，改名为联邦海军“田纳西”号，在8月利用该舰的帮助占领了摩根港。后来它被送至路易斯安那州新奥尔良进行进一步的维修，在密西西比中队服役直到战争结束。它在8月19日退役，并在1865年11月27日被售卖。

湾，这时“田纳西”号正在那备战。“田纳西”号的主机是从内河艇上拆下来的蒸汽机，因此对于它的总重来说动力不足，比较难操控。尽管它对联邦战舰造成了一些损伤，但它还是迅速被俘。“田纳西”号的主要劣势在于它的舵链绕过后甲板，在交战中被迅速打断，主要是被“奇卡索”号攻击所致，“奇卡索”号向“田纳西”号进行了超过50次的攻击。由于无法转向，“田纳西”号被持续冲角攻击和炮轰。

水中瘫痪

一发炮弹击中了它尾部左舷的舷窗，炸死了两名船员，并重伤了布坎南，指挥官詹姆斯·约

技术参数：

排水量： 1155吨

主尺度： 64米×15米×4.3米

武器装备：
两门203毫米布鲁克线膛炮；四门152毫米布鲁克线膛炮

装甲：
舷侧：127毫米；首尾部152毫米；甲板51毫米

机械装备：
两台非冷凝发动机，缸径610毫米，活塞行程177.8毫米

航速： 5节

船员定额： 133人

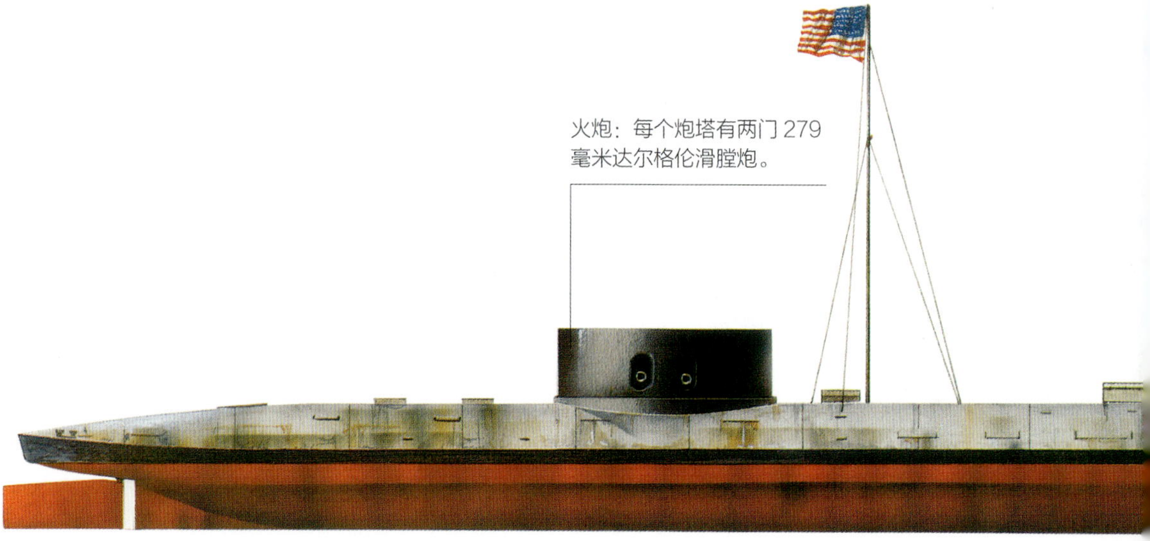

联邦海军“温尼贝戈”号（1864）

在莫比尔湾守卫的邦联海军有几大优势。尽管这个港湾向内陆延伸 48 千米，但是其入口仅有 5 千米宽。这个通道又被一系列的沉桩、浅水和三排水雷阵进一步缩小。

在水雷阵的东部有一个狭小的开口，距离莫比尔有 183 千米远，能够为封锁者提供一个通道。但是，这条路线被强大的摩根堡所覆盖，这是一个大型的五棱堡，三层炮台共有 47 门火炮。盖恩斯堡覆盖着多芬岛的西部，另一个更小的炮台鲍威尔堡封锁着格兰特通道，这是一个位于多芬岛北面的狭小内河通道。在这些堡垒之后是在海军上将富兰克林 · 布坎南指挥下强大的铁甲舰“田纳西”号和三艘木制炮艇。

联邦海军十分清楚，这种守卫形式对于木制战船来说是极大的威胁，因此在 1864 年 1 月，海军助理秘书长古斯塔夫 · 福克斯询问海军上将大卫 · 法拉格特，他需要多少艘铁甲舰来打开通往莫比尔湾的路。法拉格特回复道：“尽你所能多

蒸汽设备：蒸汽设备的其他作用是被用来在炮门里提升和降低火炮。

装甲：该舰船的炮塔处装甲有 203 毫米厚，舷侧有 76 毫米厚。

筹集，对我来说两艘足矣，但越多越好。”到了7月，联邦海军已经有 4 艘莫尼特级战舰在增援法拉格特部队的路上。“曼哈顿”号和“特库姆塞”号是最大的改进型舰船，它们是当时最有战斗力的战舰。作为它们的补充是“巢克图”号和“温尼贝戈”号，这些是双炮塔，四螺旋桨的内河莫尼特战舰，有四门 279 毫米火炮。

进攻莫比尔湾

“温尼贝戈”号是在密苏里州的卡龙德莱特建造完成的。它于 1864 年 4 月开始服役，加入密西西比中队。6 月 15 日，在重新编入西部湾封锁中队之前，该舰参与了在拉特利夫进行的与邦联炮兵部队的战斗。当法拉格特于 8 月 5 日进攻莫比尔湾时，“温尼贝戈”号遭遇“田纳西”号的炮火阻击。战斗之后，该舰留在了莫比尔湾，支持封锁行动并最终占领了莫比尔市。该舰参与了 1865 年 3 月的进攻西班牙堡的行动，4 月它护送部队到达亚拉巴马州的塞尔玛和蒙哥马利，并且封锁了汤比格比河。

技术参数：

排水量： 1179 吨

主尺度： 70 米 ×17 米 ×1.8 米

武器装备： 四门 279 毫米达尔格伦滑膛炮

装甲： 炮塔 203 毫米；舷侧 76 毫米

机械装备：
四台非冷凝式水平发动机；四台螺旋桨和三个舵

航速： 9 节

船员定额： 大约 120 人

邦联海军“斯托恩沃”号（1865）

内战爆发时邦联的海军尚在起步阶段，为了加快海军建设，他们派詹姆斯 · 布洛克作为海军代表到英国，安排为邦联建造舰船事宜。布洛克在利物浦附近开展建造工作，因为那里的政府比较支持邦联。

在联邦政府领事托马斯 · 海恩斯 · 达德利的严密监视下，布洛克还是逃出了利物浦。1863 年 3 月，他到了法国波尔多，在那里他见到了卢西恩 · 阿尔曼。7 月 16 日，他们签订协议，由阿尔曼建造两艘铁甲舰，并暂时把两艘船命名为“基奥普斯”号和“斯芬克斯”号。

达德利没有就此作罢，他再次增加了反间谍活动力度，对布洛克严防死守，同时，因为中立法的原因，欧洲政府对布洛克的行为也愈加不满。阿尔曼觐见了法皇拿破仑二世，希望皇帝能私下允准他为布洛克造船。结果拿破仑二世威胁他说，要是不马上把所有的船卖掉，就送他去坐牢。遵照皇帝的命令，阿尔曼立即将所有船只转手。

后来的“斯托恩沃”号被卖给了丹麦，并打算用在石勒苏益格 - 荷尔斯泰因战争中。可是，船还没到目的地，这场战争就突然结束了。因为

船速："斯托恩沃"号的船速可以达到 10.8 节。

前炮：这门 228 毫米的火炮安装在船头，朝正前方开炮。

用不上这艘船了，所以丹麦人没接收它。这件事给了布洛克机会，他做了种种安排，替邦联买下了这艘船。

这艘船由托马斯 · 杰弗逊 · 佩吉上校接管，他将船开到了法国基伯龙的一个隐蔽地点，在那里跟上尉 H. 戴维森还有汽船"里士满市"号汇合。戴维森带来了船员和补给，供佩吉装配他的新船。船上升起了邦联的旗帜，"斯芬克斯"号也更名为"斯托恩沃"号。

夭折的服役生涯

很快，佩吉就发现"斯托恩沃"号有泄漏问题，便带它去西班牙维修。但它在西班牙待了不久，联邦政府就提出了抗议，西班牙政府便要求它离开。而此时，联邦护卫舰"尼亚加拉"号和单桅战船"萨克拉门托"号正停泊在科伦纳，对"斯托恩沃"号虎视眈眈。但让佩吉没想到的是，他在 1865 年 3 月 24 日开着"斯托恩沃"号离开费罗尔港的时候，这些联邦舰船竟然原地不动，让他全身而退了。

佩吉继续航行，在 5 月 6 日到了拿骚，然后去了哈瓦那。他本打算对南卡罗来纳州的罗亚尔港发动袭击，但是在古巴听说了内战结束的消息，于是他便把"斯托恩沃"号交给了西班牙政府，之后西班牙又在 7 月主动把它交还给了美国。

技术参数：

排水量： 1415 吨

主尺度： 59 米 ×9.6 米 ×4.77 米

武器装备：
一门 228 毫米 300 磅火炮；两门 70 磅火炮

装甲：
船两侧的装甲厚度为 114 毫米，船头和船尾的厚度是 89 毫米；船尾炮塔上的装甲厚度是 102 毫米；前炮上方的是 140 毫米；船侧装甲后有 610 毫米厚的木制支垫

机械装备：
水平直列布置的玛兹里纳发动机驱动一对螺旋桨

航速： 10.8 节

船员定额： 135 人

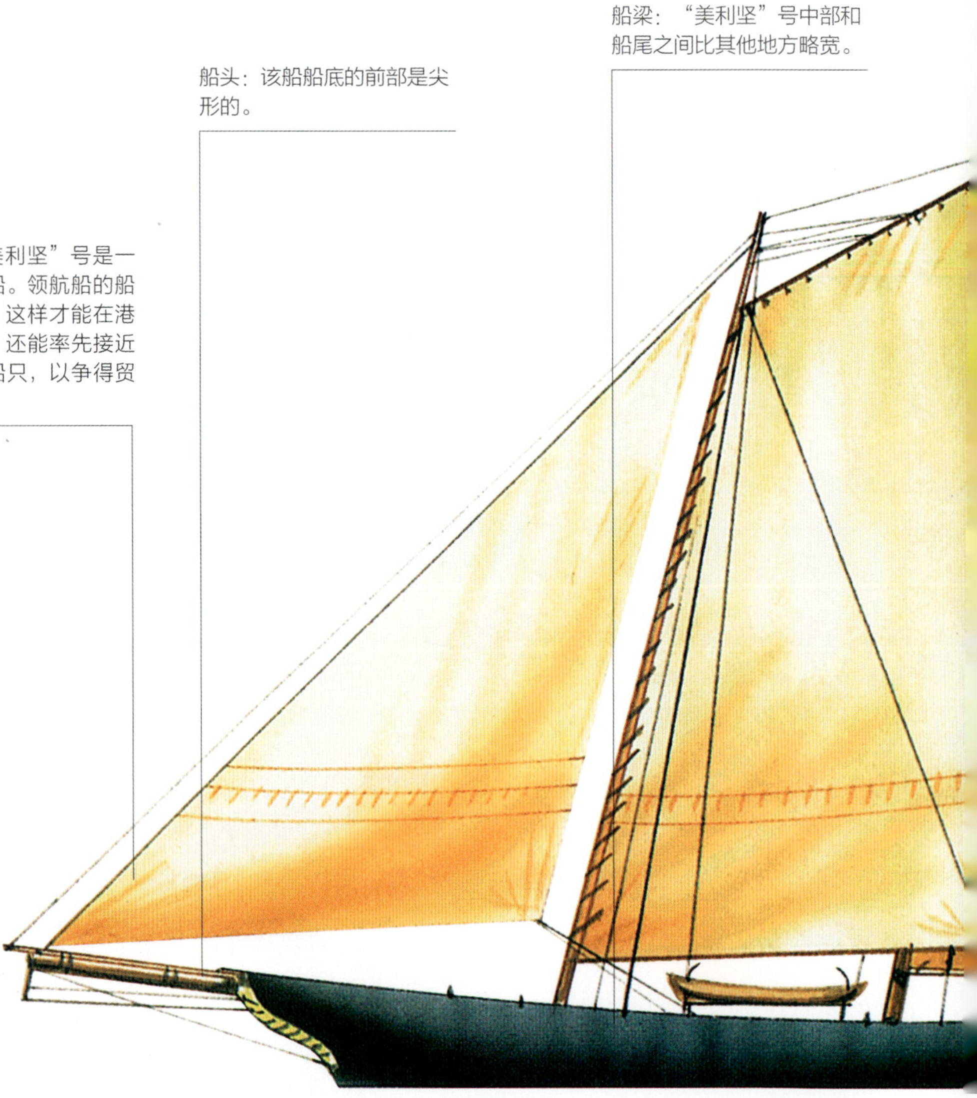

炮艇

联邦海军"美利坚"号(1851)

"美利坚"号于1851年5月3日在纽约下水，它原来是一艘纵帆游艇。"美利坚"号原是为以约翰·考克斯·史蒂文斯为首的财团建造的。史蒂文斯是纽约游艇俱乐部的主席。他和他的同事原本是想通过建造"美利坚"号来提升美国造船水平和航海技术。

1851年8月22日，"美利坚"号在英国考斯的女王杯游艇赛中夺魁。

"美利坚"号船底的前部很尖，船中部比其他地方略宽，这在弗吉尼亚州的领航船中很常见。

因为它并没有跟其他的美国船好好比赛过，所以关于它是当时美国最快的游艇的说法其实是站不住脚的。但无论如何，这丝毫没有影响它的表现。

为邦联效力

比赛后，考克斯的财团卖掉了“美利坚”号，作为一艘赛艇，它并没有得到很好的维护。它的新主人将其更名为“卡米拉”号。后来，它被带回了美国，邦联政府花了 6 万美元将其买下，用作封锁线穿越船和信件运输船。1861 年 4 月，“美利坚”号到了佐治亚州的萨凡纳。当时，萨姆特要塞刚刚投降。随后它又更名为“孟菲斯”号，它所做的工作显然与它的建造初衷背道而驰。虽然它的船速极快，但因为货舱空间狭小，它并不适合做封锁线穿越船。后来，为了防止它落到联邦军手里，人们将它沉入了佛罗里达州邓恩湖的源头，圣约翰河上游的山楂溪。

“美利坚”再次服役

尽管邦联军千方百计地阻止“美利坚”号落入敌手，联邦海军还是在 1862 年 3 月将其捞起，并进行了修缮，还让它以过去的名字“美利坚”号继续服役。它在南大西洋封锁舰队参加了两次抓捕行动。

1863 年，它被调离封锁舰队，成了海军学校学生的训练船，先是在罗德岛的纽波特，后来去了马里兰州的安纳波利斯，直到 1873 年被卖掉。1921 年，缅因州马布尔黑德的东方游艇俱乐部把它送给了海军部当作文物保存起来。1945 年，人们将其拆毁。

技术参数：

排水量： 91 吨

主尺度： 245 米 ×7.62 米 ×3.7 米

武器装备： 一门 12 磅的线膛炮；两门 24 磅的滑膛炮

机械装备： 风帆

航速： 未知

船员定额： 9 人（竞赛时）

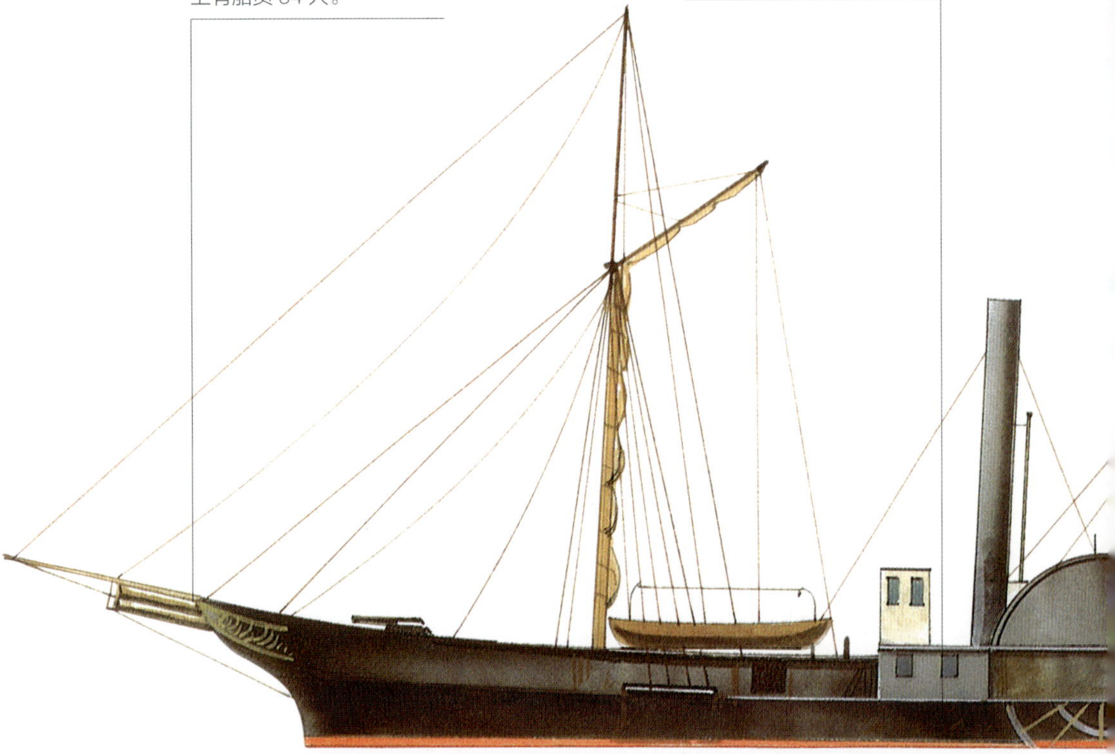

联邦海军“水巫”号（1853）

“水巫”号是一艘木制明轮炮艇，它在 1852 年年底至 1853 年初之间开始服役，船长是上尉托马斯 · 杰弗逊 · 佩奇。1855 年 2 月，在巡查拉普拉塔河的时候，巴拉圭的一处要塞冲它开了火，因此在内战前它就已经有点不吉利的名声了。

一名船员在此次交火中丧命，1859 年，美国派了一个代表团来到巴拉圭，要求他们道歉，赔偿遇难者的家人，并要求他们跟美国签订优惠的贸易协定。

“水巫”号断断续续地服役到了 1861 年 4 月 10 日。5 月 2 日，它加入了佛罗里达彭萨科拉的海湾封锁舰队。刚开始，它的任务是负责调度并传递往来于海军基地基韦斯特和舰队之间的信件。同时它还前往古巴的哈瓦那送信。当年夏天，它被调去了密西西比河口，在那里工作到 1862 年初。“水

巫”号吃水很浅，因此很适合在这样的水域航行，期间它曾对密西西比河河口进行了几次勘察。

1 月 20 日，海湾封锁舰队一分为二，“水巫”号被派去了东海湾封锁舰队，开始在亚拉巴马和佛罗里达的沿岸执行任务。3 月 5 日，在追赶了纵帆船“威廉 · 马洛里”号 5 个小时后，“水巫”号终于在当天傍晚俘获了这艘封锁线穿越船。在这段服役的时间里，它也执行过调度和运送信件的任务。

封锁圣约翰河

从 4 月到 9 月，“水巫”号一直在维修中，之后它再度入役，开始在南部封锁舰队服役，它负责佛罗里达东南部圣约翰河上的一部分封锁任务。10 月，“水巫”号参加了圣约翰河上的一次军事行动，此次行动迫使邦联军放弃了其在圣约翰陡岸的据点。之后，它一直在南部封锁舰队服役，直到 1863 年 2 月因机器故障被拖回北方修理。6 月 14 日，“水巫”号返回了罗亚尔港，之后一直执行封锁任务，直到 1864 年 6 月 3 日，一支由托马斯 · 佩洛特上尉带领的邦联船队在奥萨堡强行登船，将其占领。

他们把“水巫”号带到了邦联海军那里，然后它以原来的船名在那里服役。12 月 19 日，邦联军为了不让它落入敌人手里，便在佐治亚州的怀特布拉夫将其付之一炬。2007 年，一支由佐治亚州自然资源部派出的考察队，在大约 4.5 米厚的沉积物下面找到了他们认为的“水巫”号的残骸，发现的地点在萨凡纳沿海区域。现在，一个与“水巫”号原船同尺寸的复制品正在佐治亚州哥伦布的美国国内战争海军博物馆展出。

技术参数：

排水量： 421 吨

主尺度： 50 米 ×7.42 米 ×3.58 米

武器装备：
四门 32 磅的火炮；一门 12 磅滑膛炮；一门 20 磅帕罗特炮；4 门 32 磅火炮

机械装备： 蒸汽机明轮船

航速： 9 节

船员定额： 64 人

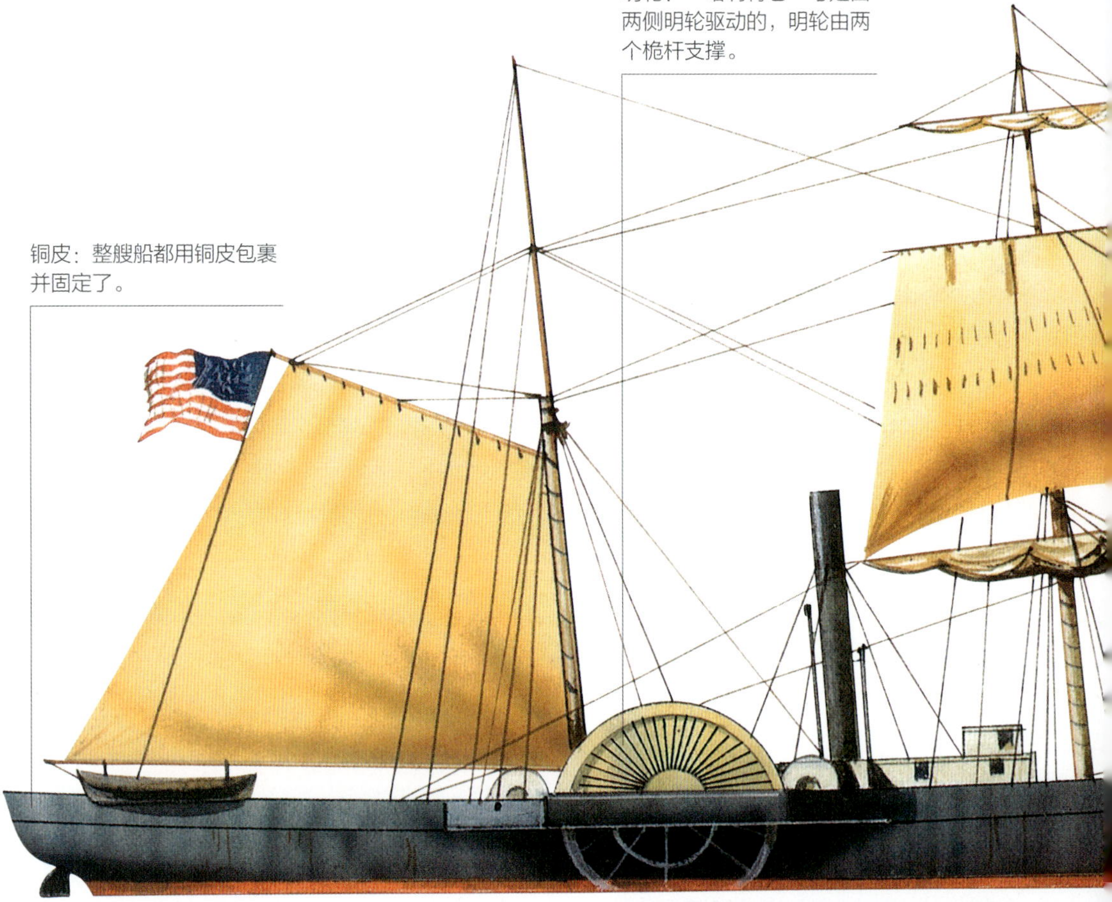

联邦海军“哈莉特巷”号（1857）

“哈莉特巷”号是由威廉 · 韦布在 1857 年建造的，原是美国财政部的缉私船。1861 年 3 月 30 日，它转入海军参加了救援行动，帮助围困在萨姆特要塞的守军。4 月 11 日，它抵达了查尔斯顿港，第二天，它朝商船“纳什维尔”号鸣枪示警，因为这艘船上没挂美国国旗。

“纳什维尔”号马上升起了美国国旗，但两天之后，它便易帜改挂了邦联旗，成了邦联军的私掠船。很多人都认为这次示警是内战中打响的第一枪。“哈莉特巷”号所在的小队再没有为救援行动做出其他贡献。4 月 13 日，罗伯特 · 安德森少校投降后，“哈莉特巷”号以及它的姊妹船跟安德森的部下一起撤回了纽约。

随后，“哈莉特巷”号参加了哈特拉斯湾一战，

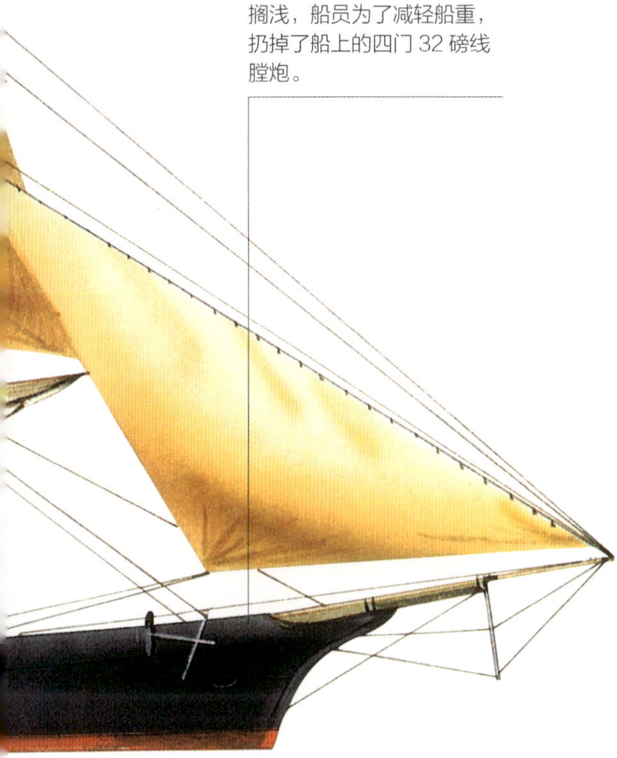

加尔维斯敦之战

10 月 4 日，“哈莉特巷”号的舰队占领了得克萨斯的加尔维斯敦。不过，1863 年 1 月 1 日，邦联军约翰 · 马格鲁德少将对此地发动了突然袭击，这座守备空虚的港口重新回到邦联手中。战斗中，里昂 · 史密斯带领一只由三艘船组成的邦联舰队，袭击了“哈莉特巷”号。它船侧的两个大桨轮让它在受到猛撞的时候不堪一击，“港城”号和“海神”号都对它进行了攻击。后来它跟“港城”号混战在一起，最后“港城”号上的士兵强攻上“哈莉特巷”号将其夺取。

尽管邦联军成功收复了加尔维斯敦，但是联邦很快将此地重新封锁。1864 年初，邦联军将“哈莉特巷”号改造成了封锁线穿越船，并更名为“拉维妮娅”号。4 月 30 日，它穿过封锁线，把一船棉花运到了古巴。但是西班牙政府把它扣在了那里，直到内战结束。1867 年，西班牙将其返还给美国。

这是联邦军决定性的一场胜仗，8 月 29 日，她在进入帕姆利科湾时搁浅。后来，它成功驶离浅滩，但在这过程中它丢弃了船上大部分的武器和机械设备。进行了短暂的维护后，“哈莉特巷”号在 9 月 8 日到达了弗吉尼亚州的汉普顿港。

1862 年 2 月 10 日，“哈莉特巷”号加入了中校大卫 · 波特在基韦斯特组建的炮艇队，为攻打新奥尔良做准备。此战中“哈莉特巷”号担当了波特的旗舰，还与防守杰克逊和圣菲利普要塞的邦联部队交了火。4 月 24 日，大卫 · 法拉格特上将成功袭击新奥尔良后，“哈莉特巷”号参加了在佛罗里达州彭萨科拉、密西西比州维克斯堡和亚拉巴马州莫比尔湾的军事行动。

技术参数：

排水量： 544 吨

主尺度： 54.1 米 ×9.3 米 ×4.0 米

武器装备：
一门 102 毫米火炮；一门 228 毫米火炮；两门 203 毫米火炮；两门 24 磅铜制榴弹炮

机械装备： 一台直列双缸船用发动机驱动两个侧明轮

航速： 13 节

船员定额： 95 人

船体：船底的凹陷形状是为搭载重型的武器和发动机而专门设计的。

联邦海军“波尼”号（1860）

“波尼”号从 1860 年 6 月 11 日开始服役，船长是中校 H. J. 哈特斯坦。在美国海军史上，“波尼”号是第一艘配备双螺旋桨的舰艇。内战开始前，它曾短途航行，去了墨西哥，1861 年 1 月到 3 月，它在哥伦比亚特区华盛顿市执行任务。

萨姆特要塞的战事愈演愈烈，1861 年 4 月 6 日，在中校斯蒂芬 · 罗恩的指挥下，“波尼”号前往南卡罗来纳州的查尔斯顿，解救被围困的罗伯特 · 安德森少校，此次行动成功的希望渺茫。执行这次任务的几艘船没能成功会合。由于糟糕天气的耽搁，“波尼”号和“波卡洪塔斯”号直到 4 月 12 日才抵达。剩下的船因为不知道“波尼”号已被分派出该任务，所以一直在等它前来会合，结果贻误了宝贵的战机。等到这支救援船队到达时，安德森已经被迫投降了。

“波尼”号一回到华盛顿，就被派往弗吉尼亚州的诺福克，以保护戈斯波特海军船厂的船只和物资不落入邦联军之手。船上还带去了几位要员，以便指挥工厂里的船只，可是 8 月 20 日它到了那里才发现，除了“坎伯兰”号，其他的船都被掠走了。“坎伯兰”号上的船员“热烈欢迎”了“波尼”号，它把“坎伯兰”号拖到了安全地带。

巡查波托马克河

1861 年 5 月至 8 月，“波尼”号在华盛顿的托马克河执行任务。后来，它加入了大西洋封锁舰队，还在 8 月 28 日到 29 日参加了占领哈特拉斯湾的战斗。10 月 29 日，“波尼”号同上将塞缪尔 · 杜邦的舰队一同出航，该舰队攻占了南卡罗来纳州的罗亚尔港。

因为杜邦不断扩大罗亚尔港基地的控制范围，1862 年一整年，“波尼”号都在南卡罗来纳州、佐治亚州和佛罗里达州沿岸执行任务。在 1862 年 3 月 3 日，它参加了攻占佛罗里达州费南迪纳的战斗，5 月 28 日到 30 日，它参与了南卡罗来纳州斯托纳河的军事行动。11 月，“波尼”号前往费城接受维修。

1863 年 2 月 10 日，“波尼”号拖着铁甲舰“Pataspsco”号回到了罗亚尔港。在内战剩下的时间里，它在南大西洋舰队服役。在抓捕“萨姆特将军”号和“哈蒂 · 布鲁克”号的行动中，“波尼”号发挥了巨大作用，成功缴获了敌船上装载的棉花、松油、树脂和铁轨。1865 年 2 月，“波尼”号两次参与了南卡罗来纳州的军事行动，进攻了北埃迪斯托的托格达河，还协助占领了乔治敦。

1865 年 7 月 26 日，“波尼”号退役，不过后来又重新服役，继续为国家效力。

技术参数：

排水量： 1391 吨

主尺度： 67.51 米 ×14 米 ×3.0 米

武器装备： 8 门 230 毫米炮；两门 12 磅炮

机械装备： 两台水平布置直接传动发动机

航速： 最大航速 10 节；平均航速 5 节

船员定额： 181 人

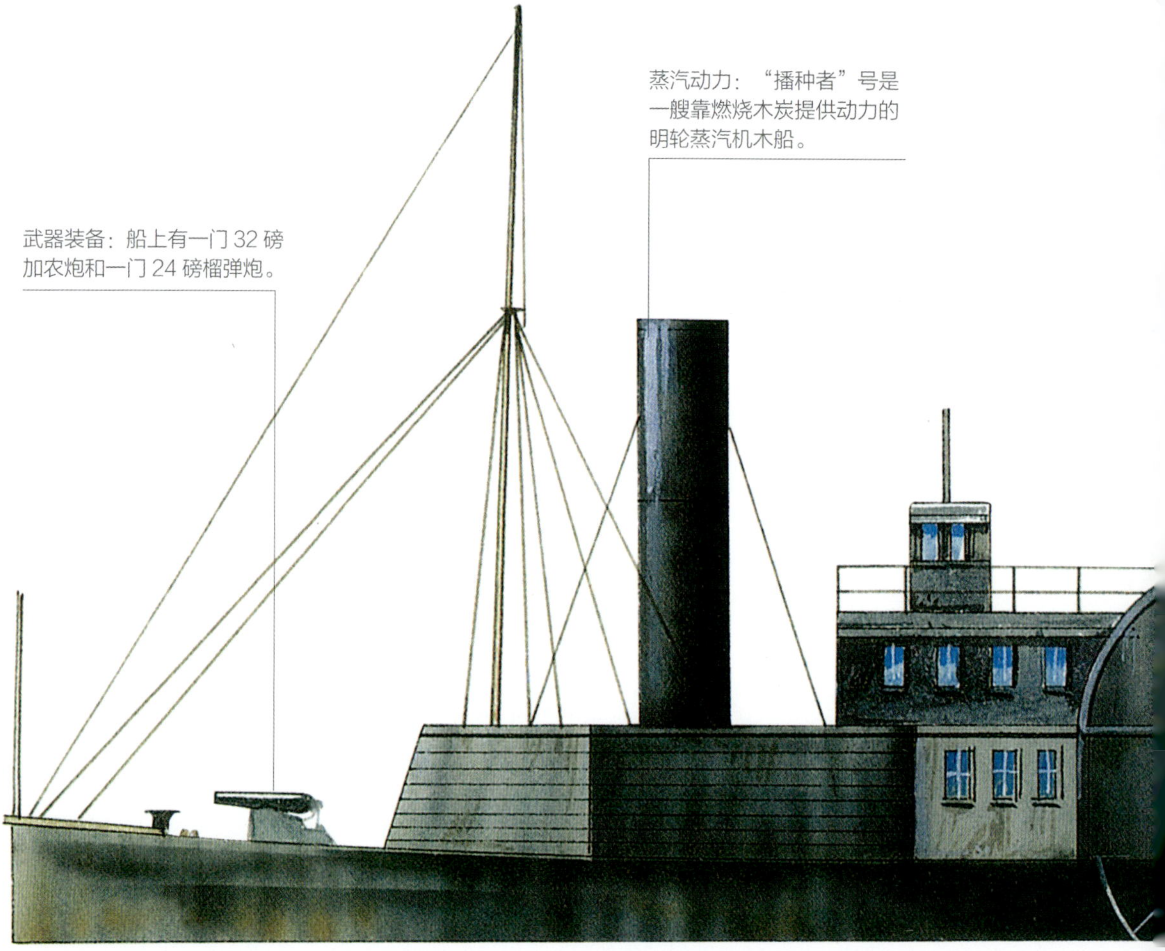

邦联海军"播种者"号（1860）

"播种者"号在 1860 年建于南卡罗来纳州的查尔斯顿。因为联邦舰队封锁了这个港口，所以"播种者"号被用作查尔斯顿工程部的武装运输船。C. J. 雷利亚担任船长。一名 23 岁的黑奴罗伯特 · 史莫兹被迫担当领航员。5 月 13 日，雷利亚离船上岸的时候，史莫兹开着"播种者"号逃跑了。

挂着邦联的旗帜，史莫兹驾船驶过了数个邦联港口，并像往常一样，对来往船只鸣笛致意。他一离开邦联军炮火的射程，就立刻把船上的邦联旗换成了白旗，接着他把"播种者"号交给了联邦封锁舰"前进"号。

不仅如此，史莫兹还给联邦军带来了重要情

发动机：船上配备有两台活塞行程 1.8 米的非冷凝式蒸汽机。

报，他说邦联军已经弃守了詹姆斯岛的据点。这下联邦军可以通过詹姆斯岛，从后方袭击查尔斯顿了。塞缪尔 · 杜邦上将抓住这一时机，即刻发动了攻占查尔斯顿的联合突击，6 月 2 日，他派了两个师登陆，还有大量海军配合作战。结果，由于严重的部署失当，6 月 16 日，联邦军在色赛什维尔镇附近被击溃，随后他们撤离了詹姆斯岛。因为痛失良机，杜邦万分恼怒，他埋怨道：“唉，这些小兵，我差不多都把他们送到查尔斯顿的房顶上了，结果就因为我没从窗户把他们推进去，这帮人竟然无功而返。”

立功受奖

尽管这次行动失败了，史莫兹的英勇壮举还是引起了全国的注意，他被授予英雄称号。因为史莫兹把“播种者”号献给了联邦政府，所以他收到了 1500 美元的奖金。“播种者”号和史莫兹一起加入了联邦军。6 月，史莫兹参加了一次小的行动，去探查邦联军在北埃迪斯托河的守卫情况，之后他转去了杜邦的旗舰“华巴希”号，作了领航员。史莫兹需要经常离岗，作为黑人解放事业的代表发表演说。战后，他仍长期活跃在博福特的政治舞台上。

菲利蒙 · 迪肯森和劳埃德 · 菲尼克斯曾接连担任过“播种者”号的代理船长。因为船上烧的是木炭，而封锁舰队的船只很少使用这种燃料，所以杜邦觉得“播种者”号派不上大用场，于是就把它调往陆军，在佐治亚州的普拉斯基附近执行任务。

技术参数：

排水量： 284 吨

主尺度： 45 米 ×9.1 米 ×1.14 米

武器装备： 一门 32 磅加农炮；一门 24 磅的短榴弹炮

机械装备： 两台活塞行程 1.8 米的非冷凝式蒸汽机

航速： 未知

船员定额： 未知

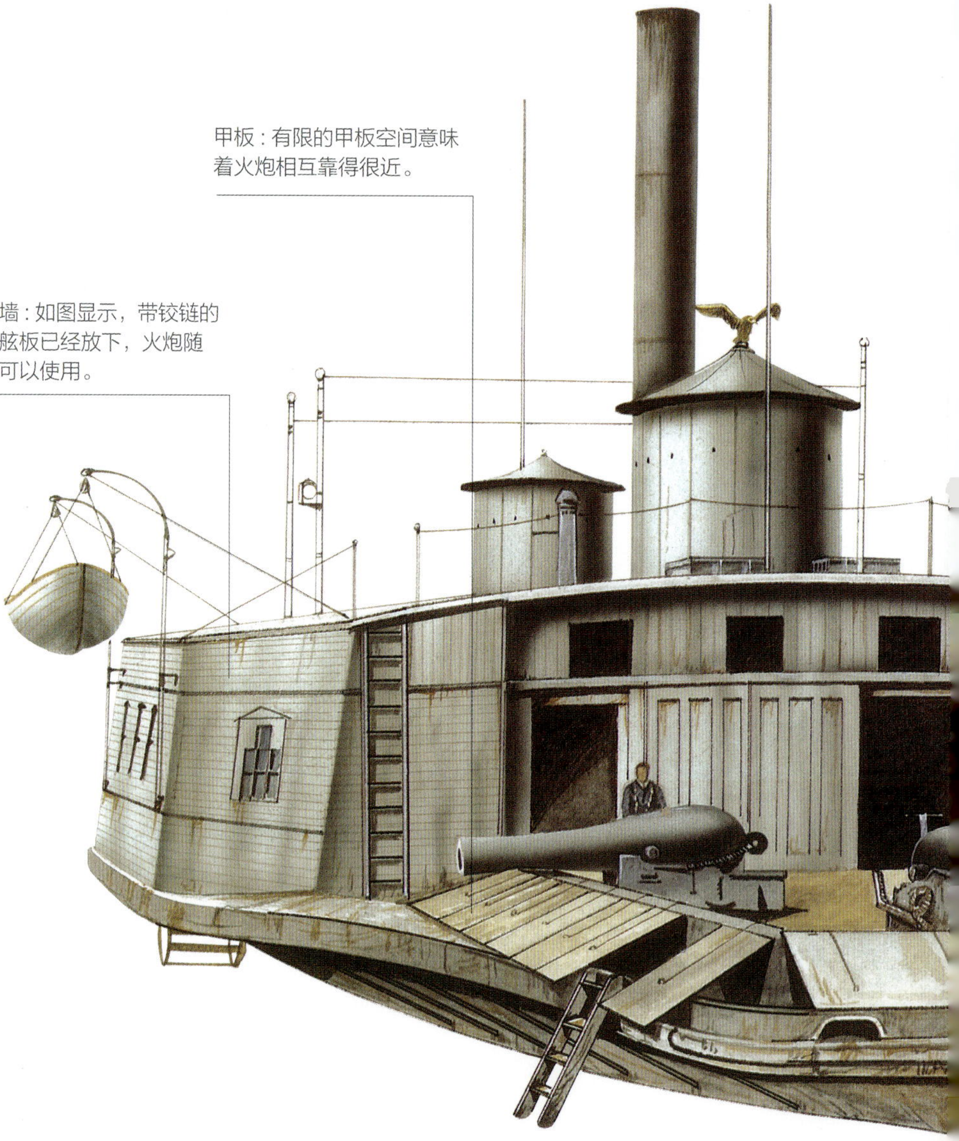

联邦海军“佩里将军”号（1861）

“佩里将军”号建于1859年的纽约威廉姆斯堡，1861年10月2日，联邦海军将其买下。当月它便开始服役，F. J. 托马斯担任代理船长。

它加入北大西洋封锁舰队的时候刚好赶上参加2月7日到8日对北卡罗来纳州洛亚诺克岛的袭击。2月10日，它帮助联邦军占领了伊丽莎白市，撞沉了邦联军的“海鸟”号。第二天，它抓获了纵帆船“Lynnhaven”号。3月，“佩里将军”号协助俘获了“新伯尔尼”号和“华盛顿”号。

武器装备 :2 门 230 毫米火炮，2 门 32 磅滑膛炮和一门 12 磅榴弹炮。

因为“佩里将军”号是由渡轮改造成的，所以很适合在浅水航行。1862 年 10 月 3 日在针对弗吉尼亚州富兰克林的海陆军联合行动中，“佩里将军”号就遇上了这样的任务。它带领着两艘战船沿黑水河而上，这里又高又窄的河岸，为邦联军狙击手提供了绝佳的射击点。海军舰队没有赶到离富兰克林不远的地方与陆军会合，而“佩里将军”号也在一个狭窄的急转处失去了控制，不慎搁浅。幸亏上尉威廉 · 库辛及时采取了措施，才挽回了大局，后来库辛因捣毁“阿尔比马尔”号而名声大震。

荣誉勋章

那天立功的英雄不止有库辛。“佩里将军”号上的海员约翰 · 威廉姆斯也被授予了荣誉勋章。他的颁奖词是这样说的：“‘佩里将军’号沿黑水河猛冲而下，沿途击垮了敌军炮台，而水手约翰 · 威廉姆斯顶着枪林弹雨，面对坚船阻挡，坚守在自己的岗位上，继续执行任务，他技术高超，勇气可嘉。”

“佩里将军”号在 12 月 10 日参加了攻打北卡罗来纳州普利茅斯的行动。1863 年 1 月 30 日，它参与了针对赫特福德的联合行动。之后，“佩里将军”号继续在帕姆利科和阿尔比马尔湾地区巡航，直到 1863 年年底，它去诺福克和巴尔的摩接受维修。1864 年 3 月，“佩里将军”号重新入役，直到内战结束，它一直在弗吉尼亚州的内河跟沿海巡航。1865 年 6 月 26 日，“佩里将军”号在纽约退役，7 月 12 日被卖掉。

技术参数：

排水量： 464 吨

主尺度： 44 米 ×10 米 ×3 米

武器装备：
两门 230 毫米火炮；两门 32 磅滑膛炮；一门 12 磅榴弹炮

机械装备： 蒸汽机驱动，明轮推进

航速： 7 节

船员定额： 125 人

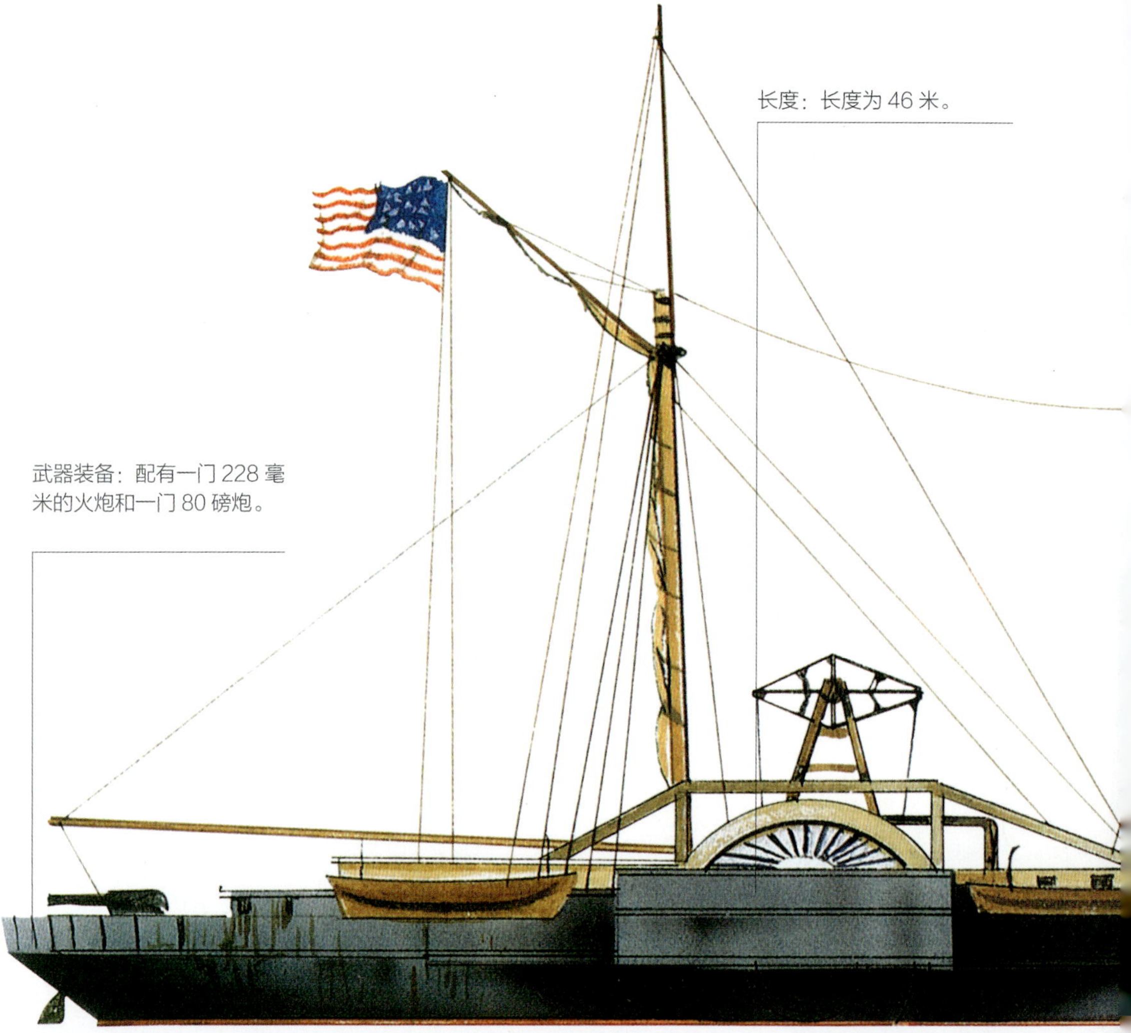

联邦海军“黑特泽尔”号（1861）

“黑特泽尔”号于 1861 年在美国马里兰州巴尔的摩市建造，是美国内战时期的一艘蒸汽动力明轮船。它起初用于美国海岸测量的工作，1861 年 8 月 21 日转移到海军部门服役，归属于北大西洋封锁中队。11 月 18 日它抵达弗吉尼亚州纽波特纽斯港口，H.K. 达文波特上尉任“黑特泽尔”号指挥官。

1861 年 12 月 2 日，“黑特泽尔”号和其他联邦炮艇参加了战斗，在一场两小时的交战中摧毁了帕特里克 · 亨利所带领的邦联部队。1862 年 2 月，参加了安伯洛斯 · 本赛少将对北卡罗来纳州洛亚诺克岛的攻击行动。然后在巴库顿河，它和其他战舰同南部邦联军进行了激战，在伊丽莎白市它们共摧毁和俘获五艘南部邦联舰艇。

此前，北部联邦的攻击主要针对南方邦联的

海上力量，但随着北方联邦海军对洛亚诺克岛的牢牢控制，安伯洛斯·本赛远征部队借机全力扩张他们在沿岸地区的战果。从帕姆利科湾到纽斯河，安伯洛斯·本赛远征部队占领了新伯尔尼——北卡罗来纳州第二大港口，也是重要的铁路交通枢纽。

“黑特泽尔”号首先将在纽斯河弃锚并沉没的蒸汽机船“Isaac N. Seymour”打捞出水面。随后在 3 月 13 日和 14 日，支援了新伯尔尼战斗并取得了胜利。伴随着这场胜利，“黑特泽尔”号在接下来的时间里都在北卡罗来纳港口执行封锁任务。纵观整个战争历程，它参加了 5 艘蒸汽机船、2 艘多桅帆船和 1 艘单桅帆船的俘获任务。此外，它还承担了区域指挥船的使命。

北卡罗来纳战事

为了加强封锁，“黑特泽尔”号远征位于北卡罗来纳州的汉密尔顿和威廉斯顿。1862 年 11 月 2 至 9 日，它对一艘传说中的在建铁的甲舰进行搜索，最终以失败告终。1863 年 3 月 13 日至 14 日，它负责对位于新伯尔尼对面的安德森堡进行协防，以防止来自南方邦联军的攻击。

1864 年 11 月，“黑特泽尔”号驶向汉普顿港进行必要的维护与维修。1865 年 5 月 29 日，它返回到北卡罗来纳州继续执行封锁任务。当年 10 月，它从北方联邦海军退役，返回海岸测量处执行测量任务。

技术参数：

排水量： 181 吨

主尺度： 46 米 ×6.7 米 ×2.3 米

武器装备：
一门 228 毫米炮；一门 80 磅炮

机械装备： 蒸汽机明轮驱动

航速： 未知

船员定额： 未知

联邦海军"雅各布·贝尔"号(1861)

"雅各布·贝尔"号于 1842 年在美国纽约市建造，原本是一艘明轮蒸汽机船。1861 年 8 月 22 日，美国政府出资购买，并于当天委任爱德华·麦克里上尉作为它的总指挥官。随后它立即驶向波托马克河，与蒸汽机船"Ice Boat"号在波托马克河口加入了攻击南方邦联的战斗。

"雅各布·贝尔"号的常规任务是沿着波托马克河岸进行侦察，辅助其他船只对南方邦联海军进行防御，炮击邦联沿岸炮台。此外，"雅各布·贝尔"号还协助加强对弗吉尼亚海岸的封锁。

1862 年 3 月，乔治·麦克莱伦将军发动了半岛战役。在发动此次战役前，他搜集了大量有关敌军和地形的信息，但在战役开始后，他还是遭受了顽强的抵抗，远远超出了他的预料。在此次

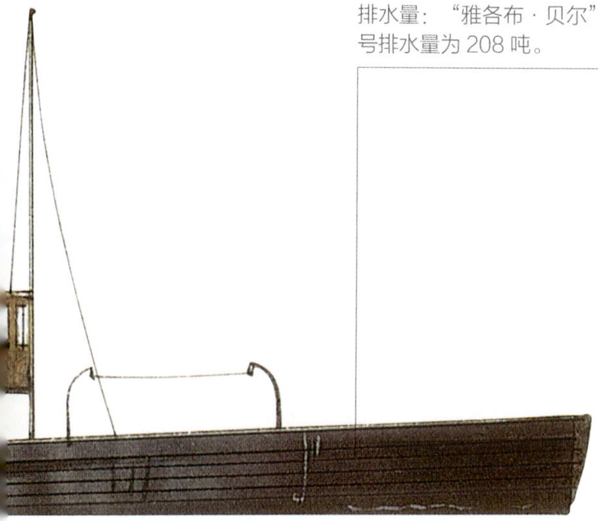

排水量："雅各布·贝尔"号排水量为 208 吨。

海岸行动

6 月 20 日，"雅各布·贝尔"号迎来了最危险的行动。它在两门炮台重炮的攻击下派送紧急物件给"莫尼特"号铁甲舰。据麦克里上尉估计，大约 500 名狙击手分布在沃特金悬崖上，"雅各布·贝尔"号在狭窄的河道中暴露无遗，遭受了 10 次炮击和数不清的子弹打击。9 月 2 日，它离开半岛回到波托马克河舰队。

战役尾声，"雅各布·贝尔"号在波托马克河和拉帕汉诺克河执行任务。10 月 17 日，它俘获了载有违禁品的"C.F. Ward"号。11 月 4 日，在 Nomini 河执行侦察任务时俘获了两艘多桅帆船。1863 年 8 月 23 日，载有糖的多桅帆船"金叶"号试图溜进 Hosier 河，被"雅各布·贝尔"号拦截下来。1864 年，它又俘获了两艘舰船。

1865 年 5 月 13 日，"雅各布·贝尔"号在华盛顿海军船坞退役。11 月 6 日它在海上失去了动力，被拖往纽约。

战役中，麦克里上尉指挥"雅各布·贝尔"号与"卫星"号、"贝里岛"号、"雷索卢特"号、"Reliance"号和"皮埃蒙特"号在拉帕汉诺克河上执行侦察任务。随后他在距离里士满大约 80 千米的塔帕汉诺克登陆，并暂时夺取了塔帕汉诺克镇的控制权。在那里麦克里上尉派人搜集南方邦联军在弗雷德里克斯堡的行踪和劳瑞堡的防御情况，但是由于对当地河流并不熟悉，麦克里上尉决定暂时停止进攻。他在返回锚地途中又俘获了两艘多桅帆船。

5 月 19 日，"雅各布·贝尔"号奉命向驻扎在汉普顿锚地的北大西洋封锁中队报到，支援半岛会战。5 月 31 日，它与"马哈斯卡"号、"阿鲁斯图克"号一同在德鲁里徒岸下游 5 千米处执行侦察任务，随后它们都在土耳其岛抛锚。

技术参数：

排水量：208 吨

主尺度：43.05 米 ×6.4 米 ×2.46 米

武器装备：
一门 203 毫米达尔格伦滑膛炮；一门 32 磅炮

机械装备：蒸汽机明轮驱动

航速：未知

船员定额：49 人

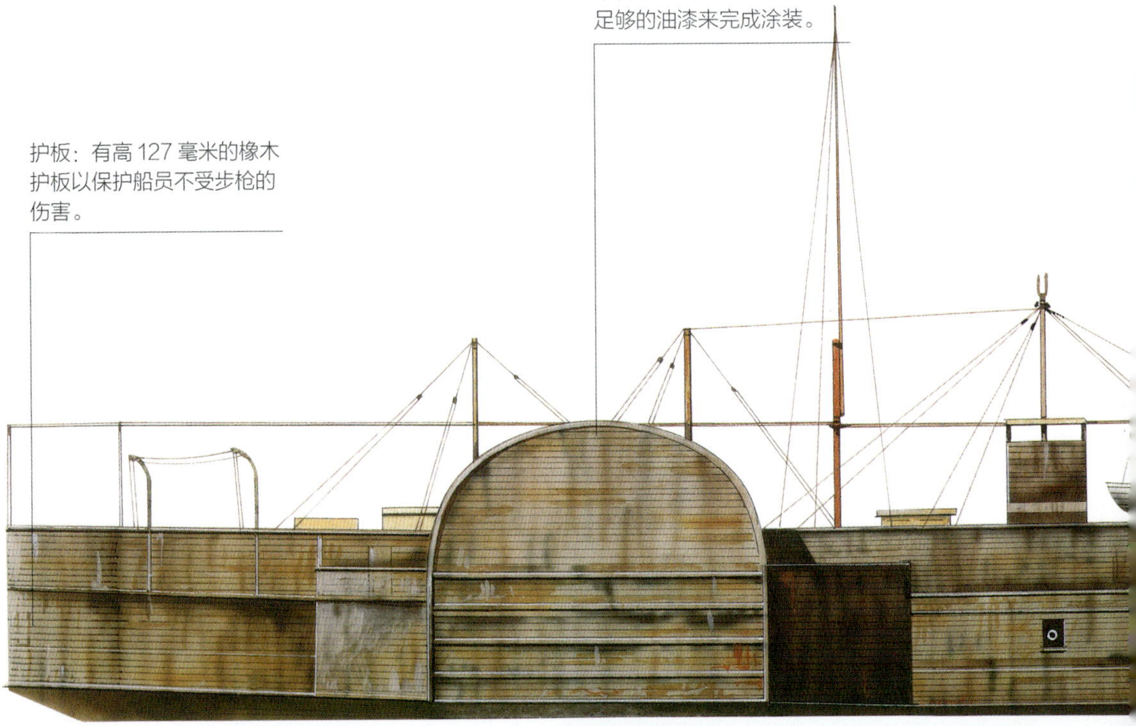

联邦海军“列克星敦”号（1861）

“列克星敦”号于 1861 年在宾夕法尼亚州匹兹堡市建造，是美国内战时期的一艘明轮蒸汽机船。它与“康奈斯托加”号、“泰勒”号同属第一批联邦军西部舰船。1861 年 6 月，政府出资购买该舰船，在俄亥俄州辛辛那提市加入舰队行列，约翰·罗杰斯舰长和塞缪尔·普克出任它的指挥官。

“列克星敦”号与“康奈斯托加”号、“泰勒”号以“铁甲战舰”而闻名，它们在基本防护之外，增加了 127 毫米厚的橡木板作为护板。“列克星敦”号排水量为 328 吨，装有 2 门 32 磅火炮和 4 门 203 毫米达尔格伦滑膛炮。1861 年 8 月 12 日，在伊利诺伊州开罗市参加了西部炮艇舰队。

“列克星敦”号很快参加了军事行动。南部邦联军试图劝说肯塔基州和密苏里州退出北方联邦，“列克星敦”号的主要任务就是阻止这件事情的发生。8 月至 9 月，“列克星敦”号在肯塔基州哥伦布市执行任务。11 月在包括密苏里州贝尔蒙特市的多个城市执行任务。1862 年 2 月，它

协助攻克战略重镇亨利堡，但是由于一次事故迫使它必须回到开罗市进行维修，没能参加接下来对多纳尔森堡的攻击。

不久，“列克星敦”号和“泰勒”号负责保护军事运输和支持部队沿田纳西河转移。4 月 7 日，它们配合格兰特军在夏伊洛战役中艰难度过第一天。当邦联军队突袭迫使格兰特军耻辱地撤退到田纳西河岸时，炮舰的火力攻击鼓舞了士兵们的士气，也使得南方邦联军将军皮埃尔 · 古斯塔夫 · 图坦特 · 德 · 博雷加德停止了袭击。

海岸行动

10 月 1 日，“列克星敦”号与西部炮艇编队的其他船舰一起转至海军编队。12 月 27 日，“列克星敦”号配合威廉 · 谢尔曼将军对位于密西西比州维克斯堡外侧的契卡索陡岸进行了袭击，但此次任务以失败告终。1863 年 1 月 10 日，它配合约翰 · 马克克拉南将军对阿肯色州辛德曼堡进行了毫无效果的进攻。6 月 2 日，它执行命令前往密西西比河，配合对维克斯堡进行最后的攻击。6 月 7 日，“列克星敦”号与“乔克托”号共同抵抗南方邦联军队在路易斯安那州米立肯湾的袭击。

3 月至 5 月，“列克星敦”号参加了红河战役。3 月 15 日，它协助其他舰船对朝亚历山大里亚方向逃离的邦联蒸汽机船进行追捕。虽然 6 艘邦联战舰惊险逃过一劫，但南方邦联军不得不烧毁了驳船来阻止北方联邦军俘获“伯爵夫人”号。战斗结束时，联邦军经历了灾难性的失败。多亏约瑟夫 · 贝利上校在亚历山大里亚上游巧妙地阻拦，才使得“列克星敦”号和其他几艘战舰惊险逃过一劫。“列克星敦”号在接下来的战争中执行巡逻和护航任务。1865 年 7 月 2 日，它在伊利诺伊州芒德城退役，8 月 17 日被出售。

技术参数：

排水量： 328 吨

主尺度： 54.13 米 ×11.23 米 ×1.8 米

武器装备：
四门 203 毫米达尔格伦滑膛炮；两门 32 磅炮。

机械装备： 蒸汽机

航速： 7 节

船员定额： 未知

外观：类似于联邦军乌纳迪拉级炮船。1862 年 4 月，“麦克雷”号甚至被误以为是联邦战舰而没有立即遭到联邦军的炮击。

邦联海军“麦克雷”号（1861）

“麦克雷”号原为于 1860 年被“萨拉托加”号俘获的三桅帆装海盗船“马尔格斯·德·拉·哈瓦那”号。1861 年 3 月 17 日，“马尔格斯·德·拉·哈瓦那”号被邦联政府购买并改造成“麦克雷”号，在其舷侧配备一门 228 毫米旋转炮和 6 门 32 磅火炮 。

重新命名为“麦克雷”号后，托马斯·胡格上尉成为它的指挥官。由于“麦克雷”号在动力方面的缺陷与问题，胡格上尉一度放弃了把它作为战舰的想法，而是让它协助乔治·罗林斯将军在密西西比河下游执行防卫任务。由于战舰匮乏，10 月 11 日，罗林斯将军派遣亚历山大·沃莱上尉指挥“麦克雷”号和登船部队夺占铁甲私掠舰“马纳萨斯”号，并且使其为南方邦联海军服务。次日，“麦克雷”号和其他舰船联合攻击了偷袭的北方联邦舰队，并获得胜利。

“麦克雷”号与“易洛魁”号的交战是极为惨烈的，来自“易洛魁”号的炮弹在“麦克雷”号的帆具舱内爆炸，导致“麦克雷”号起火。胡格上尉拼命将“麦克雷”号靠岸来紧急扑灭火灾，但就在胡格上尉离开河岸之时，他中弹受伤。查尔斯 · 里德上尉承担临时指挥官职务，命令“麦克雷”号追捕上游的联邦舰队，但发现战舰已经陷入了 11 艘敌舰的包围之中。他发现“Defiance”号悬挂着白旗，遂命令战舰调头向河流下游奔逃。里德上尉命令托马斯 · 阿诺德上尉来指挥没有遭到损毁的舰船继续战斗，麦克雷号则返回圣菲里堡。

4 月 27 日晚，由于受到重创，“麦克雷”号在停战协议前提下向上航行，勉强返回新奥尔良，使得下游要塞的邦联伤兵登岸。最后一次任务完成后，“麦克雷”号被遗弃，联邦军在次日清晨发现它在码头停靠处沉没。

新奥尔良战役

1862 年 4 月 24 日，联邦海军司令戴维 G. 法拉格特发动了对新奥尔良的袭击。“麦克雷”号起初位于战场东岸，胡格上尉命令战舰快速移动至河流正中位置，并与已经越过邦联要塞的北方联邦军战舰交火。“麦克雷”号也成了三艘积极参加战斗的邦联战舰之一。由于战时硝烟太浓，联邦战舰两次从浓厚的硝烟中出现，撞击“麦克雷”号，但由于硝烟过于浓厚，“麦克雷”号惊险地避过了这两次致命的撞击。混乱中，联邦战舰多次从“麦克雷”号旁经过，但它们一次也没有对它进行射击，因为它们误以为“麦克雷”号是联邦战舰。

技术参数：

排水量： 753 吨

主尺度： 未知

武器装备： 一门 228 毫米达尔格伦滑膛炮；六门 32 磅炮；一门 6 磅线膛炮

机械装备： 单螺旋桨；单胀式蒸汽机；三桅帆船

航速： 未知

船员定额： 未知

联邦海军“诺维奇”号（1861）

“诺维奇”号于 1861 年在康涅狄格州诺维奇市建造，是美国内战时期的一艘螺旋桨蒸汽机木质船。9 月 26 日，驻扎在纽约的联邦海军购买了它。12 月 28 日，委任詹姆斯·邓肯上尉为它的指挥官。1862 年 1 月 2 日，它参加南大西洋封锁舰队，启程前往南卡罗来纳州罗亚尔港口执行任务。

“诺维奇”号协助封锁佐治亚州最大的港口沙瓦纳两个月，此时，塞缪尔·杜邦司令正在研究如何利用罗亚尔港口获利。杜邦司令首先占领了佛罗里达州费南迪纳，这次轻而易举的胜利使他

航速：平均航速为 5 节，最大航速为 9.5 节。

护航任务

1864 年 2 月 7 日，联邦军第四次占领了杰克逊维尔，从此结束了它多次易主的局面。昆西 · 吉尔默将军对位于圣 · 约翰河西岸的佛罗里达州发起进攻，他请求约翰 · 达尔格伦少将（取代了杜邦司令）对其提供海军援助。达尔格伦将军派遣“渥太华”号与“诺维奇”号护航军队从杰克逊维尔出发。2 月 7 日，“诺维奇”号在杰克逊维尔上游的“Me Girt”河对邦联护卫舰“圣玛丽”号进行了追捕。“圣玛丽”号抛弃了战舰上的棉织物后逃脱。

在战争期间，杰克逊维尔获得安全后，“诺维奇”号继续在佛罗里达州和佐治亚州的河流沿岸执行封锁任务。1865 年 6 月 30 日，它在费城退役，8 月 10 日进行了公开拍卖。

深信攻克位于狭窄弯曲的圣 · 约翰河上游 50 千米处的杰克逊维尔是迟早的事情。1863 年 3 月 10 日，“诺维奇”号与“昂卡斯”号护送军队安全通过圣 · 约翰河，炮击保卫杰克逊维尔的邦联军驻扎地，为部队登陆杰克逊维尔扫清了障碍。

之后不久，杜邦司令和托马斯 · 舍尔曼将军的合作停止。4 月 9 日，联邦军从杰克逊维尔撤退，杜邦司令的舰队返回到圣 · 约翰河口。随后杰克逊维尔成了游击战场和浅水海军战场，例如，8 月 19 日，“诺维奇”号和“黑尔”号的突袭摧毁了邦联军在城镇附近的信号站。

技术参数：

排水量： 408 吨

主尺度： 40.36 米 ×7.47 米 ×3.0 米

武器装备： 一门 30 磅帕罗特线膛炮；四门 203 毫米炮

机械装备： 蒸汽机

航速： 9.5 节

船员定额： 未知

邦联海军"帕特里克·亨利"号（1861）

南方邦联军"帕特里克·亨利"号原本是一艘蒸汽机动力的明轮客货船，它的本名是"约克城"号，在内战前航行于弗吉尼亚州里士满市和纽约之间的海域。1859年，"约克城"号在纽约威廉·韦伯船厂建成。1861年4月17日，当弗吉尼亚州脱离北方联邦之时，"约克城"号停在詹姆斯河。

"帕特里克·亨利"号被南方邦联军俘获，随后移交给负责指挥新成立的詹姆斯河编队的约翰·塔克司令，改装为轻装甲炮艇。在詹姆斯河桑树岛附近位置执行保卫南方邦联半岛军右翼的任务。

1862年3月8日，汉普顿锚地战役期间，"帕特里克·亨利"号遭到联邦军舰船和海岸炮兵的攻击，它迅速撤离后与"弗吉尼亚"号、"蒲福"号和"罗利"号共同炮击了受到围困的"国会"号。经过一小时的炮击，"国会"号投降。一枚炮弹

航行：前身是商用蒸汽船，“帕特里克·亨利”号是双桅帆船。

穿透了“帕特里克·亨利”号的蒸汽机室，导致4名船员牺牲。随后它被拖离战场进行长时间的修复，然后恢复原来的位置。当“莫尼特”号前往攻击“弗吉尼亚”号的次日，“帕特里克·亨利”号负责吸引住“莫尼特”号与之交战，但仅限于远距离作战。5月10日，当南方邦联军撤离诺福克时，“帕特里克·亨利”号撤退到詹姆斯河上游，和整个詹姆斯河编队撤往德鲁里。在那里，北方联邦军的进攻被击退。

教育角色

“帕特里克·亨利”号在南方邦联服役期最显著的作用是成了初出茅庐的邦联海军学院的教练舰。邦联海军学院于1863年在詹姆斯河畔德鲁里成立。为了支持这项教育活动，“帕特里克·亨利”号被改装成教练舰，船上配有13名教职员，威廉姆·帕克上尉担任教练舰长。第一批海军学员大约有50人，但是后期增加到了60人。受邦联法限制，实习海军学员数量不得超过106人，但是教练舰的尺寸更加限制了学员数量是不争的事实，“帕特里克·亨利”号只能容纳约30名海军学员。剩余的学员只能居住在现役的其他舰船上，他们可以在那里学习宝贵的经验，但是这也容易导致授课内容混乱。

1865年4月3日，当邦联军包围了里士满时，拉斐尔·塞姆斯少将命令“帕特里克·亨利”号和詹姆斯河编队的其他几艘舰船歼灭敌军。当南方邦联财政部门试图从里士满紧急撤离时，“帕特里克·亨利”号上的60名海军学员执行了最后一项任务——保卫载有价值52.8万美元的黄金的列车安全撤离里士满。

技术参数：

排水量： 1179吨

主尺度： 76米×10米×4米

武器装备：
一门254毫米滑膛炮；一门63磅火炮；六门203毫米火炮；两门32磅线膛炮（1861）

机械装备： 明轮驱动的蒸汽机

航速： 未知

船员定额： 150人

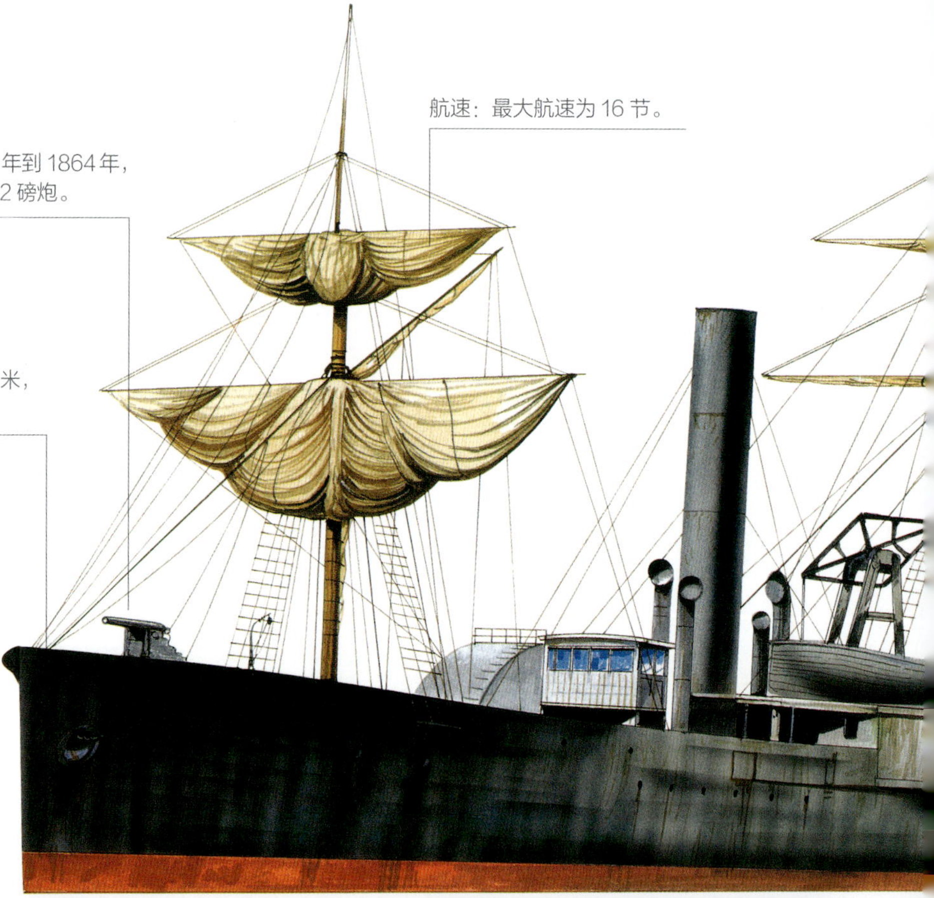

联邦海军“罗德岛”号（1861）

“约翰·金”号木质明轮蒸汽机船 1860 年在纽约建成。1861 年，这艘船经历了大火的洗礼，经过重新修复，更名为“鹰”号。6 月 27 日，北方联邦海军将其购买，重新命名为“罗德岛”号，7 月 29 日，史蒂芬·特伦查德舰长成为它的指挥官。

“罗德岛”号的主要作为供应船使用，同样也会协助实施封锁任务。在第一次执行巡航任务时，它俘获了载有枪弹、铜币、罐头和木材等货物的纵帆船“维纳斯”号，此时的“维纳斯”号正在试图穿越得克萨斯州加尔维斯顿封锁区。对“罗德岛”号来说，更为辉煌的成就是：1862 年 2 月 12 日至 3 月 18 日期间，它共向 98 条舰船供给物资。4 月 5 日至 5 月 20 日期间，它为 118 条正在参加战斗的战舰提供了物资。7 月 4 日，当它为海湾封锁编队提供物资时，在圣路易斯封锁线附近追击并迫使英国帆船“理查德·奥巴瑞”号靠岸。

12 月 29 日，“罗德岛”号与“莫尼特”号、“帕

塞伊克”号一同从汉普顿锚地离开。12 月 30 日，它们在海特瑞斯角遭遇恶劣风暴天气，“莫尼特”号水线以下出现了裂缝，大量海水涌入舰船内部，加之泵设备出现故障，无法及时将水排出。船员最终迫不得已选择弃船，但在船员还未完全转移到安全的“罗德岛”号之前，“莫尼特”号就沉没了，4 名军官和 12 名水兵丧生。

西印度群岛巡航

1863 年 1 月 29 日，“罗德岛”号被派往西印度群岛加入对南方邦联军蒸汽动力船“奥瑞托”号和“阿拉巴马”号的搜寻任务。5 月 30 日，“罗德岛”号成功迫使封锁线穿越舰“玛格丽特和杰西”号在大镫礁靠岸。8 月 16 日，“载有棉织物、松脂和烟草等货物的英国封锁线穿越舰“喀琅施塔得”号穿过巴哈马北部地区时，被“罗德岛”号俘获。

1864 年 3 月 28 日，“罗德岛”号抵达波士顿海军造船厂，修复锅炉故障并进行大范围检修。4 月 21 日，“罗德岛”号宣布退役。随后转变为辅助巡洋舰，配有 1 门 280 毫米火炮、8 门 203 毫米火炮、1 门 30 磅帕罗特线膛炮和 1 门 12 磅线膛炮。10 月 3 日，“罗德岛”号重新服役，它拖曳监视船“蒙纳德诺克”号从波士顿抵达纽约，随后它加入了北大西洋封锁编队。

12月1日，“罗德岛”号俘获了英国穿越舰“维克森”号，然后参加了对北卡罗来纳州费希尔堡的袭击。随后它负责拖曳监视船“索格斯”号前往弗吉尼亚州诺福克市。直到 1865 年 5 月 22 日，“罗德岛”号返回汉普顿锚地之前，它都在亚拉巴马州莫比尔市执行巡航任务。战后，它仍然执行军事任务。11 月 23 日，它协助其他战舰将南方邦联军铁甲战舰“石墙”号从古巴拖曳到美国。1867 年，它正式退役。

技术参数：

排水量：1376 吨

主尺度：
71.98 米 ×11.18 米 ×4.6 米

武器装备：
一门 280 毫米火炮；八门 203 毫米火炮；一门 30 磅帕罗特线膛炮；一门 12 磅线膛炮

机械装备：3.6 米行程的单排发动机

航速：最大航速 16 节；平均航速 9 节

船员定额：257 人

联邦海军“圣地亚哥”号（1861）

“圣地亚哥”号于 1861 年在纽约市布鲁克林区建造，是一艘木质蒸汽动力明轮船，同时也是双桅帆船。9 月 6 日，北方联邦军出资购买了它。11 月 5 日，“圣地亚哥”号开始服役，丹尼尔·瑞吉利舰长成为它的指挥官。

打着“为了促进合法贸易和镇压阻碍交通的反叛者”的名义，“圣地亚哥”号被命令前往古巴哈瓦那市，11 月 17 日抵达。它很快证明了自己的价值，12 月 3 日在得克萨斯州伊莎贝尔港西部 145 千米处俘获了英国封锁线穿越舰“维多利亚”号。将战利品送往加尔维斯顿港后，12 月 7 日，“圣地亚哥”号又拦截了英国纵帆船“尤金尼娅·史密斯”号，但是没有发现任何走私贸易证据，最终将其释放。

1862 年春季，“圣地亚哥”号表现非常活跃。4 月 26 日，它成功将纵帆船“莫西”号从南卡罗来纳州查尔斯顿湾驱逐出去。4 月 30 日，成功将

武器：1861 年，它配备 2 门 20 磅帕罗特线膛炮和 8 门 32 磅炮。

纵帆船“马里亚”号从罗亚尔港驱逐。5 月 27 日，成功驱逐“露西 · 福尔摩斯”号。同年夏季，它于 8 月 3 日俘获了“哥伦比亚”号，8 月 27 日俘获了“拉维尼亚”号，这两艘穿越舰都被驱逐出阿巴科群岛巴哈马市。

9 月，“圣地亚哥”号被派到新成立的“飞行分队”，执行追击南方邦联破交舰“阿拉巴马”号和“佛罗里达”号的任务。虽然这两艘破交舰都得以逃脱，但“圣地亚哥”号在其他地方却取得了收获。1863 年 6 月 21 日，它在伊柳塞拉岛俘获了英国蒸汽船“胜利”号，此前载有棉织物、烟草和松脂等货物的“胜利”号成功穿过了查尔斯顿封锁区。4 天后，它又在同一水域俘获了蒸汽船“不列颠”号。7 月 15 日，它在佛罗里达海岸东侧俘获了蒸汽船“利兹”号。同年冬天，“圣地亚哥”号北上进行维修。

复役

1864 年 6 月 6 日，“圣地亚哥”号重新启用并恢复其先前的任务——追捕封锁线穿越舰。9 月，它在北卡罗来纳州威尔明顿东北侧俘获“前进”号，“前进”号正载着棉织物前往欧洲。“前进”号是南方邦联军最为成功的穿越舰之一，曾经超过 20 次出色完成任务。11 月 2 日，“圣地亚哥”号成功俘获了穿越舰“露西”号。未来的诗人西德尼 · 拉尼尔也在穿越舰海员之中，跟随战舰其他船员一同入狱。

除了日常封锁任务，“圣地亚哥”号还参加了袭击北卡罗来纳州费希尔堡的战役。第二次成功袭击之后，“圣地亚哥”号载着伤兵回到诺福克。1865 年 6 月 17 日，它在费城海军船厂宣布退役，9 月 21 日公开拍卖。

技术参数：

排水量：1422 吨

主尺度：70 米 ×11.6 米 ×1.8 米

武器装备：
两门 20 磅帕罗特线膛炮；八门 32 磅炮

机械装备：单排发动机

船员定额：114 人

联邦海军“赛欧塔”号（1861）

“赛欧塔”号是被称为“90”天炮舰的同一级 33 艘炮舰之一，它在内战开始之初建造，建造过程比较匆忙。1861 年 10 月 15 日下水。1861 年 12 月 15 日在费城海军船厂开始服役，委任爱德华·唐纳森上尉为它的指挥官。1862 年 1 月 8 日，它被编入“海湾封锁舰队”并抵达密西西比州船岛。

服役后，“赛欧塔”号很快加入了战斗，1862 年 2 月 6 日在路易斯安那州布雷顿角岛俘获了正在卸载棉花的封锁线穿越舰“玛格丽特”号。

“赛欧塔”号加入了戴维·法拉格特将军的西部海湾封锁舰队，4 月 24 日，为北方联邦军在新奥尔良战役的胜利做出了贡献。6 月 28 日，它作为舰队中一员协助法拉格特舰队在密西西比河上游攻占维克斯堡要塞。由于无法抵御对方的反

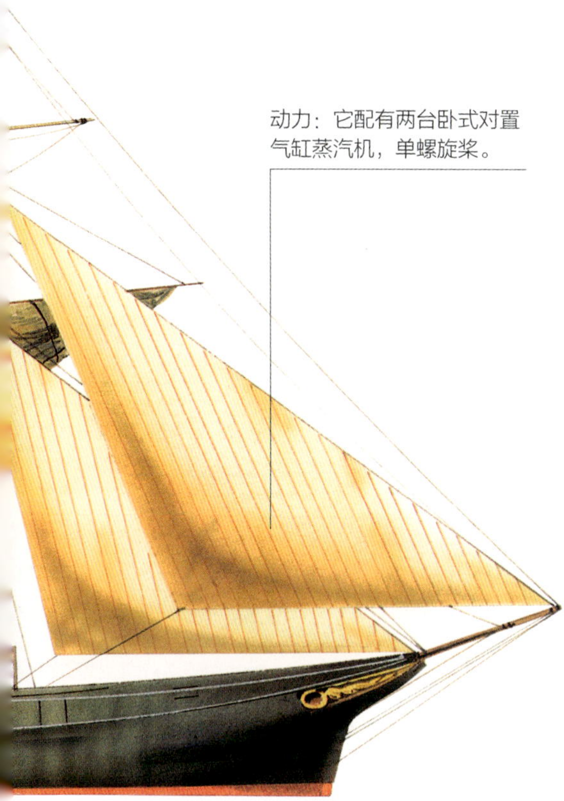

抗，法拉格特要求舰队返回维克斯堡下游。在这一年剩下来的大多数时间里，“赛欧塔”号一直在密西西比河下游活动。

1863年1月3日，法拉格特将军命令“赛欧塔”号和两艘其他炮舰前往得克萨斯州对南方邦联军重新夺回加尔维斯顿港做出反击。1月10日，北方联邦军的攻击遭遇邦联军顽强抵抗，“赛欧塔”号被迫返回，继续执行封锁任务。

7月14日，“赛欧塔”号与联邦蒸汽动力船“安东”号在密西西比河相撞后沉没，相撞地点位于封锁区上方13千米处。8月份，它被打捞出水后拖往新奥尔良进行整修。12月份，它回到得克萨斯州海岸继续执行封锁任务。12月31日，它和“格拉尼特城”号协助士兵在马达古达岛海岸登陆。在接下来的行动中，“赛欧塔”号主要执行炮轰邦联军部队的任务。

封锁任务

“赛欧塔”号后来主要执行封锁任务。1864年4月4日，载有棉花的帆船“玛丽·索利”号在试图穿越加尔维斯顿封锁区时，被“赛欧塔”号俘获。9月13日，它发现漂浮在海上的83包棉织物。10月27日和28日，它分别俘获了试图穿越封锁区的帆船“Pancha Larispa”号和“Cora Smyser”号。11月，“赛欧塔”号前往彭沙科拉城维修。

1865年1月，它驶往莫比尔湾。4月14日，在进行扫雷任务时触雷沉没。它的指挥官詹姆斯·马古耐上尉说：“此次爆炸危害非常大，轻甲板横梁遭到破坏，中桅也遭到破坏。”7月初它被打捞出水，1865年10月25日，残骸在纽约公开拍卖。

技术参数：

排水量： 460吨

主尺度： 48米×8.5米×2.9米

武器装备：
一门279毫米达尔格伦式滑膛炮；两门24磅滑膛炮；两门20磅帕罗特线膛炮

机械装备： 两台发动机驱动单桨

航速： 10~11节

船员定额： 62~114人

联邦海军“泰勒”号（1861）

北方联邦海军“泰勒”号的生涯与“列克星敦”号相似。1857 年，它建造于俄亥俄州辛辛那提市，命名为“A.O. 泰勒”，是一艘明轮蒸汽机船。与“列克星敦”号一样，1861 年 6 月北方联邦海军购买后将其改装成铁甲舰。“泰勒”号排水量为 381 吨，配有 1 门 32 磅榴弹炮和 6 门 203 毫米滑膛炮。

1861 年 8 月 12 日，“泰勒”号在伊利诺伊州开罗市加入了西方炮舰舰队。并于同年 9 月服役。与“列克星敦”号一样，“泰勒”号在早期的战争中非常活跃，协助北方联邦军保证了肯塔基州和密苏里州的安全。

1862 年 2 月，它与“列克星敦”号一起协助联邦军队攻克亨利堡。但是与“列克星敦”号不同的是，“泰勒”号还出现在了同样取得胜利的多纳尔森堡战场上。在这两场战役中，2 月 6 日到 10 日，它与“康尼斯多加”号、“列克星敦”

号一起作为突袭远征舰队远上田纳西河到达亚拉巴马州佛罗伦萨市。沿途舰队摧毁了一座铁路桥并俘获了包含“东港”号在内的多艘邦联战舰，当时邦联军队正在将“东港”号改装为铁甲舰。

在多纳尔森堡战役后，“泰勒”号重新回到田纳西河上执行任务，主要负责支持尤利西斯 · 格兰特少将沿着田纳西河岸向南的挺进。4 月 7 日，它与“列克星敦”号协助扭转夏伊洛战役局面。随后在 4 月 19 日，“泰勒”号返回亚拉巴马州佛罗伦萨市，在那里它俘获了邦联军队运输舰“艾尔伯特 · 罗柏”号，并烧毁了“邓巴”号。

亚祖河巡逻

7 月 14 日，“泰勒”号与“Queen of the West”号和铁甲舰“Carondolet”号沿维克斯堡上游的亚祖河执行侦察任务，对邦联军队铁甲舰“阿肯色”号进行搜寻。“阿肯色”号在孟菲斯逃脱并进入亚祖河企图逃离追击。7 月 15 日，两军交火，“Carondolet”号损伤，“Queen of the West”逃离，仅剩下“泰勒”号与邦联军队战舰战斗。在“阿肯色”号的追赶下，“泰勒”号机智撤退。追击战一直持续到亚祖河下游，“泰勒”号最终成功抵达安全地带——密西西比河和亚祖河交汇处与联邦军舰队汇合。“阿肯色”号打通了通道，继续前往维克斯堡。

与“列克星敦”号一样，“泰勒”号在维克斯堡战役参加了战斗，对辛德曼堡和白河进行了袭击。1864 年 6 月 24 日，它在亚拉巴马州卡姆登市附近参加了最后一次大规模的战役。战争之后它于 1865 年 6 月前往伊利诺伊州蒙特城，直到 8 月份被公开拍卖。

技术参数：

排水量： 381 吨

主尺度： 55 米 ×13.82 米 ×1.8 米

武器装备： 一门 32 磅榴弹炮；六门 203 毫米滑膛炮

机械装备： 明轮驱动蒸汽机

航速： 8 节

船员定额： 61 人

联邦海军“布拉格将军”号（1862）

“布拉格将军”号于 1851 年在纽约城建造，原名“墨西哥”号，是一艘内河蒸汽动力船。1862 年 1 月 15 日，南方邦联作战部在新奥尔良将其接收后，改装为一艘炮舰，在舰艏加装了 102 毫米厚的橡木，并覆盖了 25 毫米厚的铁板，还加上了外加的舱壁，在两个舱壁间填上压紧的棉花，把舰艏部变成一个令人生畏的撞角。

3 月 25 日，“布拉格将军”号改装完成，被派遣到田纳西州皮洛堡协助防御孟菲斯附近的河流。5 月 10 日，在 W.H.H. 莱纳德舰长指挥下它参加了普拉姆波因特之战。战斗中，“布拉格将军”号在激烈炮火下对“辛辛那提”号穷追不舍，迫使其进入浅水水域。“布拉格将军”号猛烈撞击

舱壁：改装时，两舱壁间填上了压紧的棉花。

“辛辛那提”号，它自身的舷侧同样遭到了破坏，舵索被剪断。“布拉格将军”号退出战斗，沿河漂流而下，留下“斯特林·普赖斯将军”号和“萨姆特”号完成与“辛辛那提”号的战斗。

6 月 1 日，“布拉格将军”号撤离皮洛堡，随后它与其他邦联舰船后退到孟菲斯装载煤炭。6 月 6 日，联邦军队发动攻击，“布拉格将军”号搁浅后被联邦军队俘获。

联邦军队将“布拉格将军”号分配给了西部河流舰队，并任命约书亚·比肖普上尉为其指挥官。然后在伊利诺伊州开罗市改装，于 8 月 16 日开始在密西西比河（从阿肯色州海伦娜市到亚祖河河口水域）流域执行巡逻任务。接下来的一段时间里，它仍在维克斯堡附近执行任务。直到 1863 年 12 月 13 日，报道称它在红河河口执行任务。

河流巡逻

1864 年 6 月 15 日，“布拉格将军”号和其他几艘舰船共同将邦联军队从路易斯安那州图尼卡弯道附近驱赶出去，但它在任务执行过程中失去了战斗力。在接下来的战争中，“布拉格将军”号负责巡逻密西西比河（从红河河口到密西西比的纳齐兹水域）流域，偶尔巡航远达南方的巴吞鲁日和新奥尔良。1865 年 7 月 24 日它在开罗退役，9 月 1 日被出售。

技术参数：

排水量： 946 吨

主尺度： 63 米 ×9.96 米 ×3.7 米

武器装备：
一门 30 磅火炮；一门 32 磅火炮；一门 12 磅火炮

机械装备： 明轮驱动蒸汽机

航速： 10 节

船员定额： 未知

舱壁：舱壁采用双层松木，并在两舱壁间填上压紧的棉花。

联邦海军“斯特林·普赖斯将军”号（1862）

“斯特林·普赖斯将军”号于1856年在俄亥俄州辛辛那提市建造，最初命名为“劳伦特·米劳顿”号。在内战期间曾经服役于邦联军队，后服役于联邦军队。它是木质江轮，南部邦联接管后将其派到詹姆斯·蒙哥马利舰长率领的内河舰队。

1862年1月25日，蒙哥马利将“斯特林·普赖斯将军”号改装成棉包装甲舰，在其艏部加装了102毫米厚的橡木，并覆盖了25毫米的铁板，还加上了外加的舱壁，在两层松木舱壁间填上压紧的棉花。

1862年5月10日，“斯特林·普赖斯将军”号与7艘战舰在普拉姆波因特弯道对联邦军密西西比舰队进行了攻击。在经历了邦联铁甲舰“布拉格将军”号的一番轰击后，“斯特林·普赖斯将军”号对“辛辛那提”号进行了强有力的攻击，最终致其丧失战斗力。与此同时，“斯特林·普赖斯将军”号压制住了“辛辛那提”号护卫的联邦迫击炮炮艇16号。然而，“斯特林·普赖斯将军”号在战斗中自身也受到了多次攻击，遭到重创，

铁甲：艏部装甲包括 102 毫米厚的橡木并覆盖了 25 毫米厚的铁板。

它很快得到维修，并参与到抵抗联邦舰船的战斗中，直到 6 月 1 日从皮洛堡安全撤退，与其他邦联舰船后退到孟菲斯城装载煤炭。

碰撞

在占领皮洛堡后，1862 年 6 月 6 日联邦军派又重兵对孟菲斯发起进攻。“斯特林 · 普赖斯将军”号试图对“君主”号发起猛烈撞击，却与同样在对“君主”号发起进攻的邦联铁甲舰“博雷加德将军”号发生了碰撞。当两艘邦联战舰陷入混乱之时，联邦战舰对“斯特林 · 普赖斯将军”号发起猛烈撞击，致其沉没。

联邦军将“斯特林 · 普赖斯将军”号打捞出水，并于 6 月 16 日将其拖往伊利诺伊州开罗市进行维修。联邦军将其命名为“普里斯将军”号，但人们仍然习惯称呼它的原名。维修完成后，1863 年 3 月 11 日，它离开开罗市与密西西比编队共同参与到了不幸的斯蒂尔海湾远征作战。4 月 17 日，在维克斯堡的防御战中，它受到了来自多方向的攻击。在围攻维克斯堡之前，“普里斯将军”号参加了占领路易斯安那州亚历山大的战斗，并在 5 月份发起的德鲁希堡轰击中承担了一定的任务。7 月 4 日，解放维克斯堡后，“普里斯将军”号返回开罗进行维修。

12 月 2 日，它重返编队。1864 年 5 月，参加了红河战斗。在接下来的时间里，它主要负责巡逻密西西比河下游段。

1865 年 6 月 24 日，它在伊利诺伊州芒德城退役。10 月 3 日被公开出售。

技术参数：

排水量： 574 吨

主尺度： 55 米 ×9 米 ×3 米

武器装备： 未知

机械装备： 蒸汽机

航速： 12 节

船员定额： 61 人

邦联海军“穆尔州长”号（1862）

邦联的“穆尔州长”号原来是在纽约建造的“查尔斯·摩根”号。它于1854年下水，当时是为南方S.S.公司建造的。该舰采用低压步进式横置发动机，装有纵帆。1862年1月中旬，它在新奥尔良被邦联军曼斯菲尔德·洛弗尔少将俘获。

它按照路易斯安那州州长“托马斯·穆尔”的名字命名为“穆尔州长”号。它配有2门32磅线膛加农炮，作为战舰使用，锅炉用松木和棉包保护。它的指挥官是贝弗利·肯农舰长。

1862年2月1日，约翰·米歇尔司令主要负责新奥尔良的水上防御，但是内河舰队不在他的掌控之下，他也不愿为“穆尔州长”号和“奎特曼将军”号这样未编入海军的舰船承担风险和责

任。导致邦联军对新奥尔良防御混乱的问题，正是建立统一指挥体系的努力的失败。

尽管战局不利，但是1862年4月24日，当戴维·法拉格特将军进攻时，“穆尔州长”号仍然英勇战斗。与联邦高速炮艇“瓦拉纳”号的交火中，“穆尔州长”号两次对其猛烈撞击，促成内河舰队“R.J. 布雷肯里奇”号发动第三次致命撞击，使“瓦拉纳”号搁浅。

沉没

接下来发生的事情解释了报道中的相互矛盾。据肯农舰长记述，当他追击“卡尤加”号时，“穆尔州长”号遭遇到了联邦舰队主力舰船。肯农试图调头与敌军交战，但是他所在战舰的发动机和船舵系统出现了故障，舰船失去控制，结果“穆尔州长”号搁浅。肯农随后命令舰员将舰船纵火后引起爆炸。据估计，93名舰员中死伤64人，24人被俘虏，剩下的逃脱或失踪。

肯农为舰船的表现感到自豪，写道：“信号旗和残余的船旗从未降下。”他继续写道：“火焰点燃了甲板上忠诚的哨兵手里的帆绳导致他们惨死。我火化了死者的尸体。我们的旗帜被打掉三次，我又两次将它高举了起来。最终路易斯安那州旗帜上的每一部分都被撕裂，只剩下四颗小星星孤零零地留在那里，向敌人展示我们是多么的英勇。”

技术参数：

排水量： 1102吨

主尺度： 未知

武器装备： 两门32磅线膛加农炮

机械装备： 明轮驱动低压有活动梁的发动机

航速： 未知

船员定额： 93人

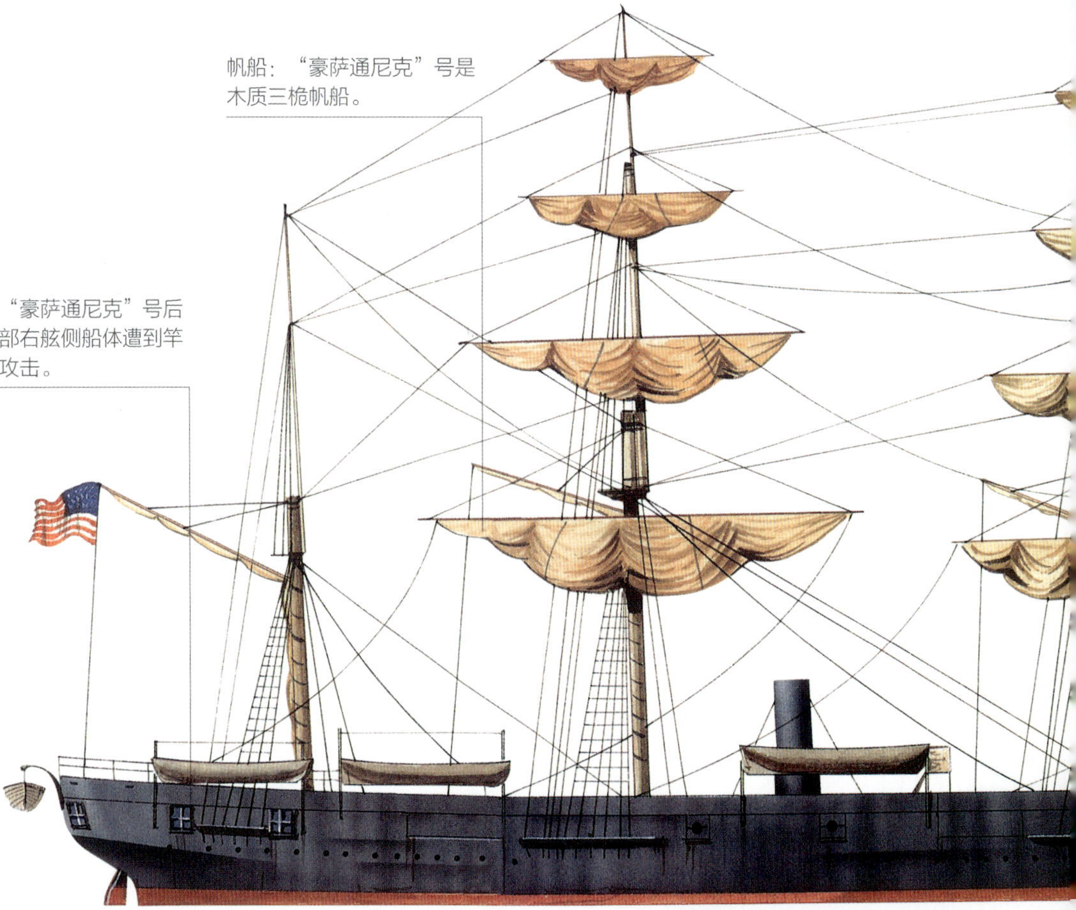

联邦海军"豪萨通尼克"号（1862）

1861 年 11 月 20 日，"豪萨通尼克"号在波士顿下水。1862 年 8 月 29 日，它开始在波士顿服役，威廉姆·罗杰斯·泰勒舰长成为它的指挥官。9 月 11 日，它离开波士顿，于 9 月 19 日抵达查尔斯顿加入了南大西洋封锁分舰队。

载有包括两台英国进口船用发动机等贵重物品的"皇家公主"号在试图进入查尔斯顿时被追赶以致搁浅。1863 年 1 月 29 日，"豪萨通尼克"号将邦联封锁线穿越舰"皇家公主"号打捞出水。两天后，邦联铁甲舰"契科拉"号和"棕榈之州"号对联邦舰队发起了突袭，它们试图夺回"皇家公主"号。在"豪萨通尼克"号协助下，联邦舰队成功将它们击退。

4 月 19 日，载有棉织物和松脂的"海王星"号试图逃离查尔斯顿，"豪萨通尼克"号将其俘

武器装备：1862 年，配有 1 门 100 磅帕罗特线膛炮、3 门 30 磅线膛炮、1 门 279 毫米达尔格伦炮和一些小型炮。

获。5 月 15 日，“豪萨通尼克”号又协助俘获了蒸汽动力船“Secesh”号。7 月 10 日，它参加了瓦格纳要塞之战。此后，它还参加了对查尔斯顿持续不断的轰击，以及巡逻侦察等任务。此外，它还负责输送突袭小组，保持对邦联要塞的不间断进攻。

碰撞和沉没

尽管“豪萨通尼克”号一直忠于职守，但是对它来说最为出名的是它的沉没。1864 年 2 月 17 日晚 9 点前，舰上值班军官——代理舰长 J.N. 克罗斯比发现距离舰船 90 米远的位置有一不明物体。“豪萨通尼克”号凭借舰上的轻武器与对方发生交战，并试图寻找机会逃离战场，但是仅仅在发生交战不到两分钟时间，邦联“汉利”号潜艇成功地将重达 59 千克的竿式水雷插入“豪萨通尼克”号右舷侧船体，爆炸后“豪萨通尼克”号沉没。由于战斗水域仅水深 8.5 米，当舰船坐沉在查尔斯顿港的水底时，大部分舰员爬上还露在水面以上的桅杆等索具上得以成功逃离。虽然如此，仍有 2 名军官和 3 名舰员丧生。然而，“汉利”号也在“豪萨通尼克”号爆炸沉没之后不久，可能是因为爆炸的影响或是其他不明原因，在朝岸边打了些信号后也跟着沉没。虽然第一次出战就两败俱伤，但“汉利”号的牺牲仍然替它争得了世界上第一艘在作战中击沉敌舰的潜艇之称，从而在历史上留名。

内战结束后，政府将“豪萨通尼克”号残骸下沉以减少它带来的航行危险。1999 年，多家机构联合组织的考古工作在战舰残骸遗址找寻到几百件工艺品。

技术参数：

排水量： 1754 吨

主尺度： 62 米 ×12 米 ×2.62 米

武器装备：
一门 100 磅帕罗特线膛炮；三门 30 磅罗特线膛炮；一门 279 毫米达尔格伦滑膛炮；两门 32 磅炮；两门 24 磅榴弹炮；一门 12 磅榴弹炮；一门 12 磅线膛炮

机械装备： 两台水平直接驱动发动机

航速： 10 节

船员定额： 214 人

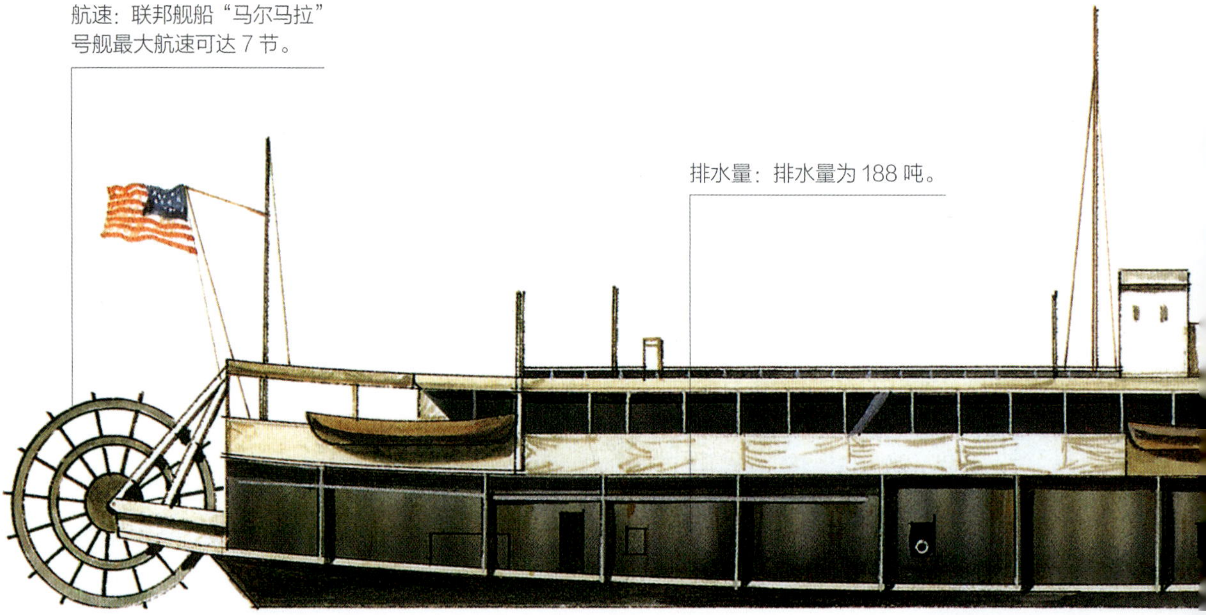

联邦海军“马尔马拉”号（1862）

“马尔马拉”号建于宾夕法尼亚州莫农加希拉，是一艘艉外明轮船。联邦海军于 1862 年 9 月 17 日购买后将其改装为轻装甲炮艇。1862 年 10 月 21 日它在密苏里州卡隆德莱特服役，罗伯特·盖蒂舰长成为指挥官，随后它加入密西西比中队参加了维克斯堡战役。

“马尔马拉”号最重要的职责是保证联邦运输舰队能够将补给输送给密西西比中队。1862 年 12 月 11 日，它和“信号”号巡视亚祖河时发现大量平底船漂浮在水面上，这标志着附近有水雷。其中一枚水雷在“信号”号附近发生爆炸，“马尔马拉”号利用火炮在安全地带成功地将另一枚水雷引爆。次日，“马尔马拉”号加入一个五艘舰船组成的小型舰队前往事发区域进行进一步巡查。

“马尔马拉”号带领巡逻舰队在巡逻水域设置木质障碍物，以阻止邦联舰队布置水雷。由于

轻装甲炮艇："马尔马拉"号是典型的艉外明轮船改装而成的轻装甲炮艇。

舰员无法准确辨别水雷浮标，舰员开始试图利用轻武器将水雷安全引爆。

由于对战场局面不熟悉，托马斯·塞尔弗里奇以为"马尔马拉"号遭受到了邦联军岸上炮火的袭击，他命令铁甲舰"开罗"号前去提供支援。在前进途中，不幸的"开罗"号触碰到了引线，两枚水雷发生爆炸。最终导致"开罗"号在12分钟内就沉没了，"马尔马拉"号和其他几艘联邦船只成功营救了"开罗"号全体舰员。

反游击战远征

1863年1月4日到11日，"马尔马拉"号终止了巡逻亚祖河的任务，加入了对辛德曼堡的攻击战中。3月份，它加入远征舰队，俘获了"费尔普莱"号，并摧毁了邦联军在亚祖河上游32千米处新建的炮台。7月份以前"马尔马拉"号的主要职责都是巡航和补充供给。为了阻止邦联军的游击战术，它炸毁了位于盖恩斯堡的建筑物。8月份，它在白河上游和红河区域执行侦察任务。

11月份，"马尔马拉"号接到保卫亚祖河河口的任务。1864年3月7日到8日，邦联军试图重新夺回亚祖城，"马尔马拉"号和其他几艘战舰前去救援。救援战后，其他几艘战舰发动了红河战役，但"马尔马拉"号仍然留在亚祖河作战区执行任务，以防止邦联军的反攻。随着战争步伐的减缓，"马尔马拉"号被派往伊利诺伊州芒德城，于1865年7月7日退役，并于8月17日被出售。

技术参数：

排水量： 188吨

主尺度： 47米×10.2米×1.4米

武器装备： 两门24磅火炮；两门12磅火炮（1862）

机械装备： 尾部驱动的发动机

航速： 6~7节

船员定额： 未知

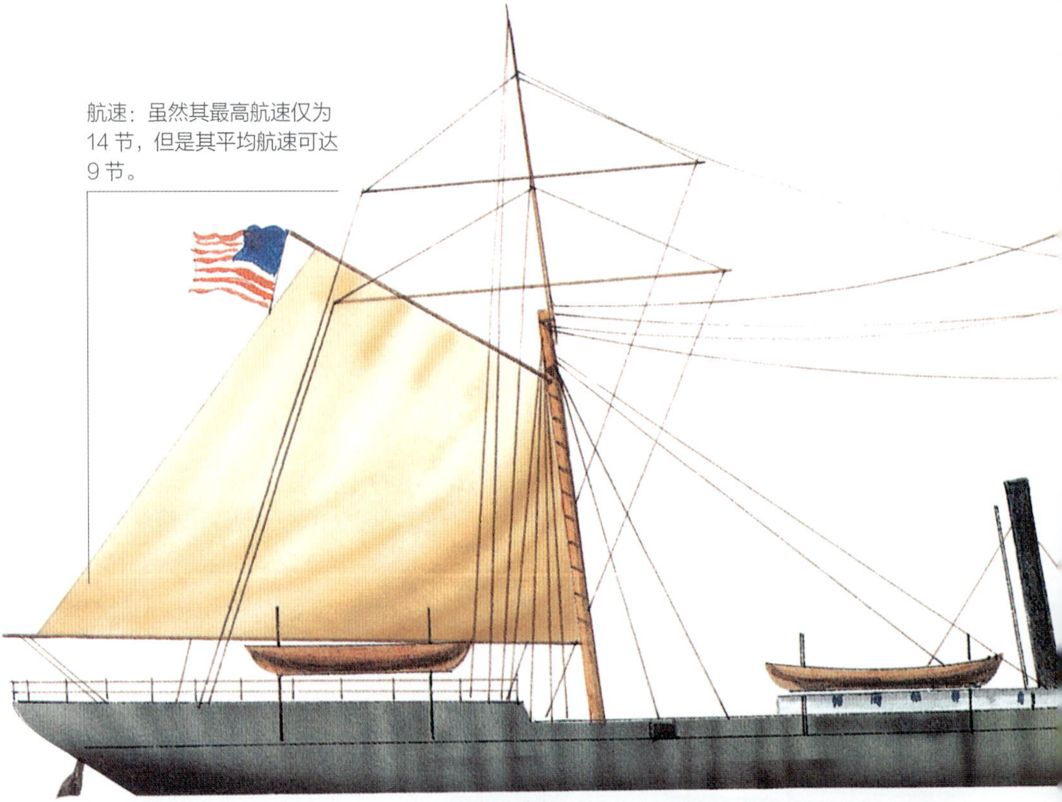

联邦海军“孟菲斯”号（1862）

“孟菲斯”号在邦联和联邦军中均有着比较传奇的经历。它在1861年由苏格兰邓巴顿丹尼造船公司建造。1862年7月31日，它载着棉织物和松香试图穿越南卡罗来纳州查尔斯顿封锁区，不幸遭到“马格诺利亚”号炮艇（马格诺利亚号是联邦军先前俘获的封锁线穿越舰，被俘获后用来加强封锁）俘获。

“孟菲斯”号被拖往纽约，1862年4月，负责处理海上战利品的军事部门将其购买。它于1862年10月4日服役，代理少尉彭德尔顿·沃特莫尔成为它的指挥官。

“孟菲斯”号随后离开查尔斯顿，与南大西洋封锁中队一起加强封锁。10月14日，它俘获了驶往哈瓦那的英国蒸汽动力船“沃西托”号。1863年1月4日，“孟菲斯”号和“奎克尔锡蒂”号又将邦联帆船“水星”号俘获，当时载有松脂的“水星”号正在驶往拿骚途中。

封锁作战

这种任务并不是没有危险。1月31日，邦联铁甲舰“棕榈之州”号和“契科拉”号在查尔斯顿港口对联邦封锁舰队发起攻击。“拱心石之州”号遭到“契科拉”号的10余次炮击后，1/4舰员受伤和阵亡，“孟菲斯”号紧急将其拖往安全区域。

1864年3月6日，“孟菲斯”号在北艾的斯杜河执行任务时遭到邦联水雷快艇“大卫”号袭击。“大卫”号上的竿式水雷插入到“孟菲斯”号左舷侧，但没有发生爆炸。“大卫”号又对其右舷侧发射水雷，水雷再一次哑火。“孟菲斯”号开始用轻武器吸引“大卫”号的攻击，随后“孟菲斯”号使用重型炮迫使“大卫”号向上游安全地带撤退。“孟菲斯”号未受损失地逃过此次战斗后，继续执行封锁任务直到战争结束。

“孟菲斯”号于1867年5月6日退役。1869年，它被出售给位于纽约的V.布朗公司作为货船使用，重新命名为“密西西比”号。直到1883年5月13日在华盛顿州西雅图工作时甲板起火毁坏不能使用，营运寿命终止。

技术参数：

排水量：：716吨

主尺度：69.4米×9.17米×4.7米

武器装备：
四门24磅火炮；两门12磅炮；一门30磅线膛炮（1862）

机械装备：两台垂直直接驱动蒸汽机

航速：最高14节

船员定额：未知

联邦海军"迈阿密"号（1862）

"迈阿密"号是一艘舷侧明轮、艏艉同形炮舰，它于1862年1月29日在宾夕法尼亚州的费城服役，由艾布拉姆·戴维斯·哈勒尔中尉负责指挥。它在服役之后很快被派至密西西比河的船岛，为随后进攻新奥尔良的战役做准备。在此期间，戴维·波特上尉提出了一个作战计划，即利用迫击炮对"飞利浦"和"杰克逊"两座邦联堡垒进行火力压制，从而掩护船岛的士兵进攻并占领这些堡垒。

波特上尉指挥"迈阿密"号将3艘迫击炮帆船拖至预定位置，并在4月18日展开了对新奥尔良的攻击。海军上将戴维·法拉格特起初批准了波特上尉的作战计划，但是经过了2天的持续进攻，他发现只靠迫击炮的火力不足以压制两座堡垒。在4月24日的进攻中，"迈阿密"号在其他迫击炮舰的火力掩护下穿越敌军的火力封锁，并将本杰明·布特勒将军的部队运输上岸，从而展开地

的门罗要塞。它在门罗要塞驻扎了 2 个月，在此期间执行了在詹姆斯河上的侦察任务和汉普顿水道的封锁任务，还进行了一定程度的改造，之后它被派至北卡罗来纳州。在 4 月 17 日和 18 日，它协助击退了南方邦联对普利茅斯的进攻。之后，南方邦联又派出了撞击舰“阿尔伯马尔”号，而北方联邦派出“迈阿密”号和“南菲尔德”号迎战。在 4 月 19 日的战斗中，“南菲尔德”号被“阿尔伯马尔”号撞击受损，“迈阿密”号多次开火击中“阿尔伯马尔”号，但是收效甚微，它之后也逃离了战场。在 4 月 20 日，普利茅斯被南方邦联攻占。

在 10 月 27 日，“阿尔伯马尔”号被击沉，“迈阿密”号被派至詹姆斯河，协助尤利西斯 · 格兰特少将进攻里士满。它之后一直在里士满服役直至内战结束，于 1865 年 5 月 22 日在费城退役，并于 8 月 10 日被拍卖。

面攻击。

在攻占了新奥尔良之后，海军上将法拉格特将“迈阿密”号派至船岛，为接下来进攻莫比利亚的行动备战。法拉格特决定从密西西比河进攻维克斯堡，而这一行动需要波特上尉指挥的迫击炮帆船的支援。“迈阿密”号于 6 月 7 日驶达新奥尔良，并将迫击炮帆船向上游拖航。在 6 月 21 日，“迈阿密”号抵达维克斯堡，它将迫击炮帆船护送到战斗位置后，舰队开始向敌方开火。但是法拉格特上将发现，在没有友军掩护的情况下，舰队很难抵御敌方的反击，因此他选择了撤退，并于 7 月 15 日返回河流的下游。

在普利茅斯参战

“迈阿密”号在 9 月 9 日抵达了弗吉尼亚州

技术参数：

排水量：标准排水量 755 吨

主尺度：63.5 米 ×10.2 米 ×2.6 米

武器装备：
1 门 80 磅帕罗特线膛炮；1 门 228 毫米达尔格伦滑膛炮；4 门 24 磅炮

机械装备：一台倾斜布置直接传动发动机

航速：8 节

船员定额：134 人

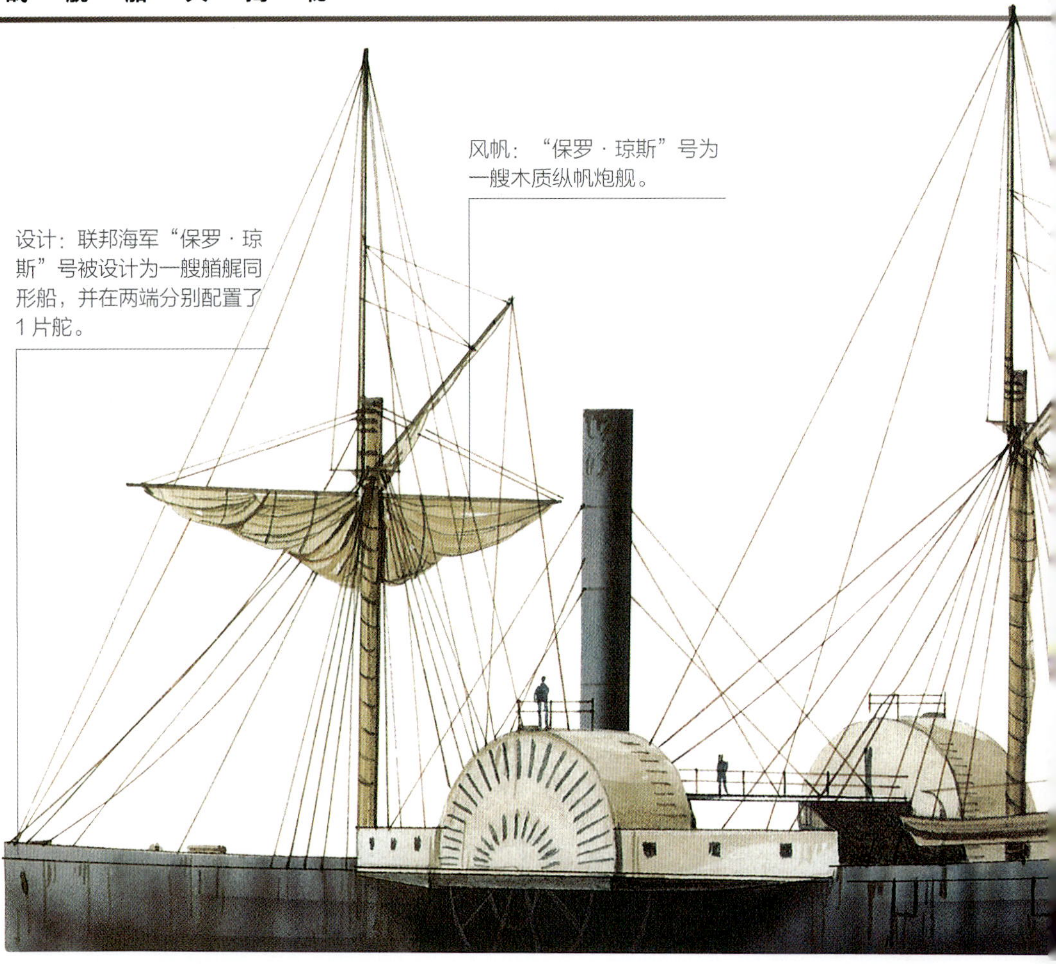

联邦海军“保罗·琼斯”号（1862）

“保罗·琼斯”号是一艘舷侧明轮、艏艉同形蒸汽动力炮舰，它于1862年1月30日下水，于1862年6月9日在马里兰州的巴尔的摩服役，并加入了南大西洋封锁中队，由指挥官查尔斯·斯蒂德曼负责指挥。

在7月29日，邦联战舰“托马斯·雷格”号穿越了封锁线，避开查尔斯顿和萨凡纳，逃往佐治亚州的欧吉奇河，并依托麦卡里斯特堡寻求掩护。指挥官斯蒂德曼派“保罗·琼斯”号同其他3艘战舰一同追赶，并利用“保罗·琼斯”号的100磅线膛加农炮对其进行远程攻击，而敌方堡垒也开始了持续近1个小时的还击，这迫使斯蒂德曼的追击炮舰队有一半逃至安全水域。海军上将塞缪尔·杜邦决定放弃正面进攻堡垒，同时派遣部队从后部包抄，在9月17日，“保罗·琼斯”号协助“庄园主”号和“西马仑”号共同攻陷了佛罗里达州圣·约翰河上的圣约翰堡。之后“保

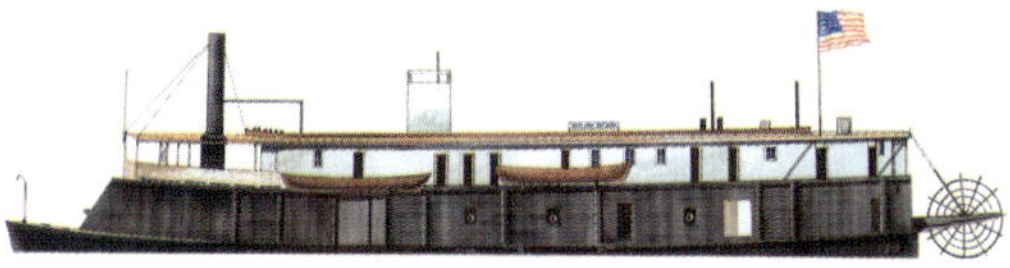

联邦海军“银湖”号

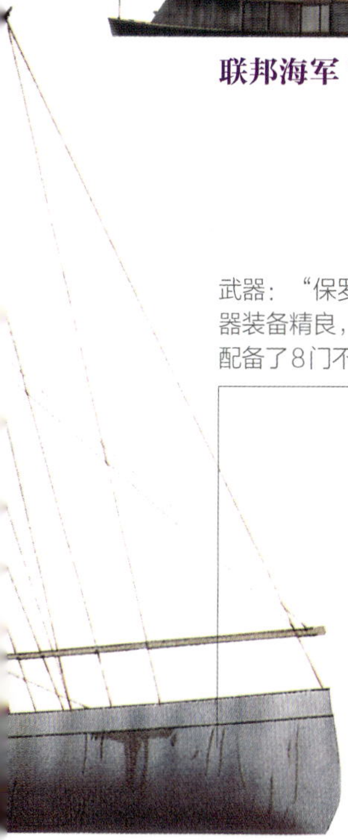

武器：“保罗·琼斯”号武器装备精良，它在1862年配备了8门不同种类的火炮。

罗·琼斯”号继续执行封锁任务，并于1863年4月19日在查尔斯顿海岸成功俘获敌方帆船“威利斯少校”号，并拦截了从佐治亚州圣西门桑德出发的满载棉花的单桅帆船“玛丽”号。

“保罗·琼斯”号参加了7月18日至24日期间进攻查尔斯顿的瓦格纳堡战役，之后前往纽约进行维修。在完成休整后，它于9月15日又重新返回了原中队，继续执行海岸巡逻任务直至1864年8月。它之后航行至波士顿，并在9月19日退役，但是在1865年4月1日又重新在东海湾封锁中队服役。它最后于1867年7月退役并被卖掉。

“保罗·琼斯”号技术参数：

排水量：标准排水量1098吨

主尺度：66.09米×10.77米×2.4米

武器装备：
1门100磅帕罗特线膛炮；2门228毫米达尔格伦滑膛炮；1门279毫米达尔格伦滑膛炮；2门50磅炮；2门24磅榴弹炮

机械装备：一台倾斜布置直接传动发动机带动舷侧明轮

航速：9.5节

船员定额：131人

联邦海军“银湖”号（1862）

“银湖”号是一艘艉部明轮木质蒸汽战舰，它是联邦海军于1862年11月15日在俄亥俄州的辛辛那提购买的。它在1862年12月24日开始服役，由罗伯特·赖利中尉指挥。

在1863年1月和2月，“银湖”号同“莱克星屯”号、“公平”号、“圣克莱尔”号、“辉煌”号和“罗伯”号一同击退了企图夺回位于坎伯兰河的多纳尔森堡的敌舰。它还参加了1863年3月31日炮击南方邦联部队，摧毁田纳西州佛罗伦萨的棉织厂的任务，并在4月3日参与炮击田纳西州的帕米拉，对南邦邦联的游击队进行报复。在1863年12月，它随舰队在田纳西州的米尔斯附近击败了南方邦联舰队，并夺回了3艘运输船。之后，“银湖”号离开战场，并被派至纳什维尔。

“银湖”号最终于1865年8月11日在伊利诺伊州的茫德城退役，并于6天后被公开拍卖。

联邦海军“罗亚尔港”号（1862）

“罗亚尔港”号是一艘木质船体、舷侧明轮、艏艉同形炮舰，它由托马斯·斯托克造船厂建造，于 1862 年 1 月 17 日在纽约下水。它于 4 月 26 日开始服役，在它的服役生涯中，它在大西洋和墨西哥湾执行了大量的任务。

“罗亚尔港”号于 5 月 4 日离开纽约，驶往哈普顿水道，并加入了北大西洋封锁中队，在乔治·麦克莱伦少将指挥下参加了半岛战役。作为该次战役的一部分，它之后于 5 月 8 日在西维尔角之役中与南方邦联开战，并在一周之后参加了德鲁里战役，但是在这次战役中，北方联邦军队受挫，由于南方邦联军队的火力十分猛烈，使得无装甲的“罗亚尔港”号无法靠近，几乎没能进行还击，不仅如此，“罗亚尔港”号上的指挥官还被敌方狙击手打伤。

设计："罗亚尔港"号为一艘艏艉同形炮舰，可以很好地向前、后两个方向航行。

在麦克莱伦少将惨败于里士满之后，"罗亚尔港"号被重新部署在了北卡罗来纳州，作为联邦海军力量对纽斯河进行侦察，并于12月12日至16日期间进攻了金斯顿。它之后被派遣至佛罗里达海岸，并于1863年春执行了封锁阿巴拉契科拉港任务。在4月20日，它运送了一批登陆部队偷袭了阿巴拉契科拉港，缴获了大量的棉花和装备。

执行秘密任务

在5月24日，海军少校乔治·莫里斯下达命令，派港务长埃德加·范·斯雷克率领41人去搜查一艘单桅帆船，他们怀疑这艘船装满棉花并准备穿越封锁线。范·斯雷克和他的部下在夜色的掩护下悄悄接近该区域，起初他们并没有发现可疑之处，直到他们找到一些用于运输棉花的工具。

在对该区域进行侦察之后，他们发现这艘单桅帆船系泊在 Brush Creek 码头。在大雨的掩护下，范·斯雷克和他的部下切断了缆绳，将这艘船拖至河中并将其烧毁，之后安全返回了"罗亚尔港"号。这次袭击使南方邦联产生了很大的恐慌，他们之后派遣了"查塔呼奇"号进行追击，但是该船由于锅炉过热爆炸而损坏。

在1864年8月，"罗亚尔港"号随"里士满"号参加了进攻亚拉巴马州的莫比尔湾行动。之后一直执行巡逻任务直至战争结束。"罗亚尔港"号最后于1866年5月23日退役，并于10月3日在波士顿被卖掉。

技术参数：

排水量：标准排水量884吨

主尺度：63.7米×11米×2.74米

武器装备：
1门400磅帕罗特线膛炮；1门254毫米滑膛炮；6门24磅榴弹炮

机械装备：一台倾斜布置直接传动发动机带动舷侧明轮

航速：9.5节

船员定额：131人

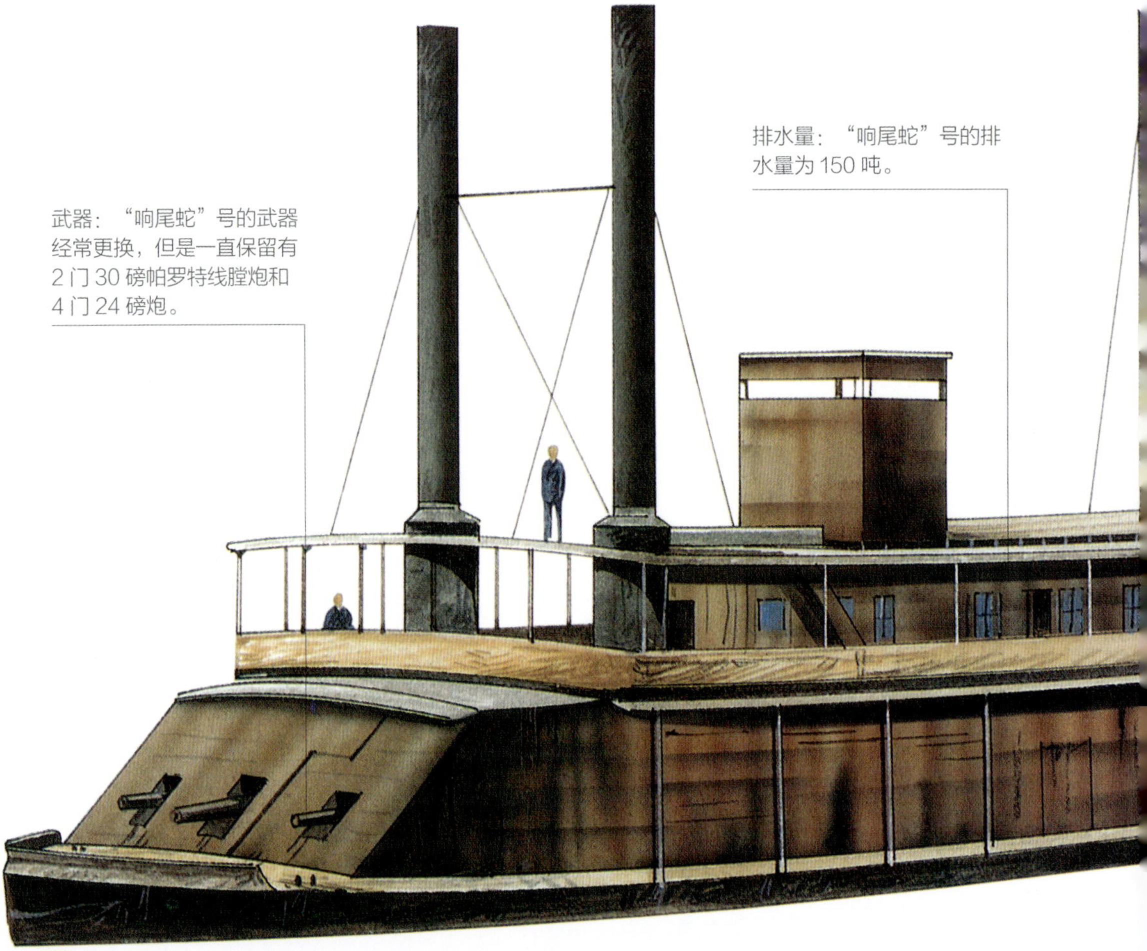

联邦海军"响尾蛇"号（1862）

"响尾蛇"号是一艘木质船体、舷侧明轮炮舰，它是由俄亥俄州辛辛那提的佛罗伦萨·米勒造船厂建造，于 1862 年 11 月 11 日被海军收购。之后它被改造为一艘轻装甲炮艇，并重新命名为"响尾蛇"或"1 号轻装甲炮艇"，它在 12 月 19 日开始服役，由港务长阿莫斯·朗松进行指挥。

"响尾蛇"号是密西西比舰队的首舰，它曾在 1863 年 1 月 10 日进攻了阿肯色州的怀特河上游的辛德曼堡。在这次战役中，它靠近到距南方邦联的火力点约 45 米，在被敌方攻击之前将堡垒的拒马摧毁，并安全撤离。次日，它又同"滑翔"号一起对南方邦联进行火力压制，使北方联邦军

轻型装甲舰："响尾蛇"号是由一艘木质炮舰改造成的轻型装甲舰。

该次事件，对芬特雷斯的麻痹大意进行了严厉的批评。

芬特雷斯非常内疚，并于11月15日在里士满的利比监狱给海军上将戴维德·波特写了一封信，信中说道："长官，我并不是在为自己进行开脱，并且在发生错误之后，这也是完全没有意义的，但是我希望能够得到您的谅解。"在芬特雷斯被俘之后，"响尾蛇"号继续在罗德尼执行了为期一年多的巡逻任务。

船舶失事

在1864年12月30日，"响尾蛇"号到了它的服役生涯的终点，它在密西西比州的大海湾锚泊的时候，由于风浪较大，其锚缆发生断裂，之后它被海浪冲向海岸，撞上了岩石并沉没。船员在弃船之前抢救了大量的补给和武器。南方邦联军队随后发现了它，并将其烧毁。

队成功占领了堡垒。

在另一次远征行动中，"响尾蛇"号作为舰队的旗舰。这次行动试图迂回至维克斯堡后部，并将其孤立，但是此次行动以失败告终。在1863年7月4日，维克斯堡被攻陷之后，"响尾蛇"号从7月12日至20日加入了红河、黑河、腾萨斯河和沃希托河的突袭舰队。在这期间，它与"神灵"号一同占领了位于红河的路易斯维尔市。

之后，"响尾蛇"号被派至密西西比州的罗德尼，在密西西比河执行巡逻任务。在9月13日，其舰上指挥官沃尔特·芬特雷斯及其他16名舰上人员在罗德尼的教堂被南方邦联游击队俘获。密西西比中队第四分区海军少校詹姆斯·格里尔就

技术参数：

排水量： 标准排水量150吨

主尺度：
船长：52米，船宽和吃水不详

武器装备：
其武器一直在更换，但是一直包括2门30磅帕罗特线膛炮和4门24磅炮

机械装备： 舷侧明轮推进

航速： 不详

船员定额： 不详

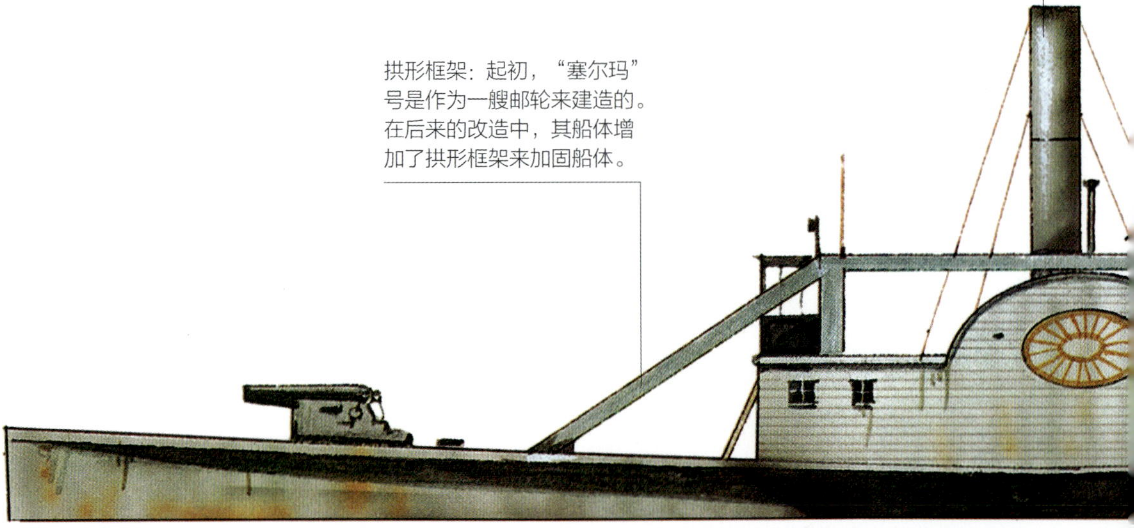

邦联海军“塞尔玛”号（1862）

“塞尔玛”号是于 1856 年在亚拉巴马州的莫比亚建造的一艘近海舰船，其航区为莫比尔河航道。它起初被命名为“佛罗里达”号，但是经常与同名舰船发生混淆。它于 1861 年 6 月被南方邦联收购，改装为炮艇，部署于新奥尔良地区的庞恰特雷恩湖。

“塞尔玛”号在改装过程中，其上甲板加装了 1 层厚度为 9.5 毫米的铁板。在 11 月改造完成后，它由海军中尉查尔斯 · 海斯负责指挥。它的服役生涯大部分是在新奥尔良的庞恰特雷恩湖和密西西比海湾度过的，后来它被派至莫比尔湾，直至退役。

“塞尔玛”号在服役生涯中主要执行反封锁任务，仅有几次对联邦舰队发起主动进攻。它在 1861 年 10 月 19 日参加了进攻马萨诸塞州的战役，并在 12 月 4 日参加了进攻了蒙哥马利的战斗。在 1862 年 7 月，它被重新命名为“塞尔玛”号，并由海军中尉亚瑟 · 耶茨指挥。北方联邦海军上将戴维德 · 法拉格特在 1864 年 8 月 5 日发起了对莫比尔的进攻，在南方邦联防守莫比尔湾下游的舰队中，“塞尔玛”号、“摩根”号和“盖恩斯”号是仅有的 3 艘轻甲炮艇，但是这 3 艘炮艇在战斗中发生了严重的叛逃事件，据传闻，“塞尔玛”号在 2 月中旬时，船上的配员已经不足 15 人了。

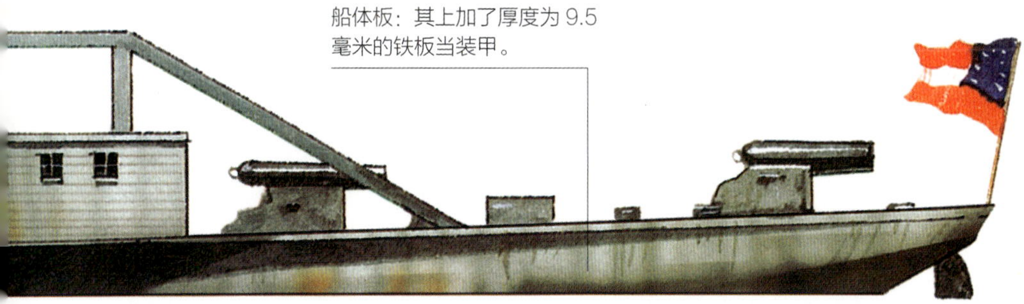

因此，法拉格特可以集中精力对付最具威胁性的“田纳西”号，它率舰队穿过“摩根”号的强大火力，直接对南方邦联的舰队发起进攻，并没有将“塞尔玛”号和其姊妹舰放在眼里。

遭到追击

由于联邦军的“哈迪福特”号与炮艇“梅塔科米特”号连接在一起，因此“塞尔玛”号只能通过艉炮来提供火力支持。当两艘船穿过南方邦联的堡垒封锁线之后，法拉格特下令切断两船的连接，让“梅塔科米特”号对抗由海军中尉彼得·墨菲指挥所的“塞尔玛”号。“摩根”号和“盖恩斯”号逃离了战场，只留下“塞尔玛”号来对抗“梅塔科米特”号，同时，联邦还有三艘炮艇正在赶来的路上。墨菲试图让“塞尔玛”号逃至浅滩，但是在经历了一个小时的追击之后，它还是选择了投降，舰上 7 名船员阵亡，8 名受伤，伤员中也包括船长。

“塞尔玛”号之后被编入联邦海军，并在 8 月协助炮击了摩根堡。它一直驻扎在莫比尔湾，直至 1865 年 1 月，又被派至新奥尔良。它于 7 月 12 日在新奥尔良退役，但是在第二个月又被改装成商船重新使用

技术参数：

排水量：标准排水量 535 吨

主尺度：77 米 ×9 米 ×1.8 米

武器装备：
2 门 228 毫米滑膛加农炮；1 门 203 毫米滑膛加农炮；1 门 162 毫米线膛加农炮

机械装备：蒸汽机

航速：9 节

船员定额：65 ~ 99 人

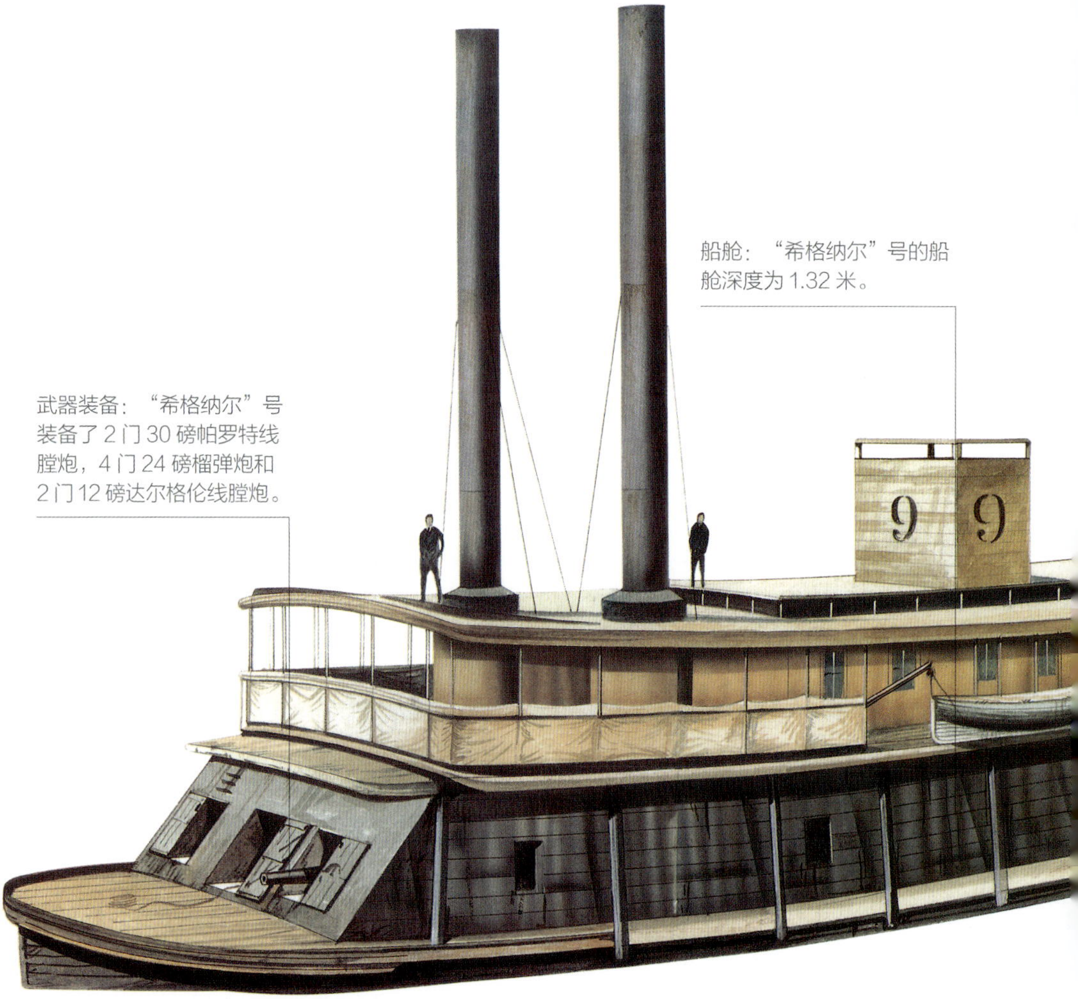

联邦海军“希格纳尔”号（1862）

“希格纳尔”号是于 1862 年在弗吉尼亚州惠灵市建造的一艘木质船体、船艉明轮蒸汽机船，于 9 月 22 日在密苏里州的圣路易斯被海军收购，并改造为一艘轻型装甲舰。“希格纳尔”号的吃水仅为 0.55 米，这类浅吃水船非常适于在美国西部水域进行航行。

类似于“希格纳尔”号的浅吃水战舰是保护联邦控制水域的重要海军力量。它之所以被称为轻型装甲舰，是因为其外部加装了 12.7 ~ 19 毫米厚的铁板，这使其动力装置和操舵室不会轻易被轻型武器所摧毁。为了对付南方邦联的游击队，“希格纳尔”号布置了 2 门 30 磅帕罗特线膛炮，4 门 24 磅榴弹炮和 2 门 12 磅达尔格伦线膛炮，同时，它还能搭载 200 名步兵。

木质船体："希格纳尔"号是由一艘木质船体、船艉明轮的小型蒸汽艇改造而成的轻型装甲舰。

邓恩湾战役

在1864年5月5日，"希格纳尔"号和"卡温顿"号在红河护送蒸汽机船"约翰·沃纳"号，但是在经过路易斯安那州亚历山大港下游的邓恩湾时，护航舰队遭到了南方邦联的步兵和火炮的攻击，3艘船全部受到重创。"希格纳尔"号在短短的4分钟内被击中了38次，并且其蒸汽管也被炸断。"约翰·沃纳"号被迫投降，而"卡温顿"号拖着失去自航能力的"希格纳尔"号逃向上游。但是在逃脱的途中，"卡温顿"号的舵失效了，"希格纳尔"号随即发生搁浅，而"卡温顿"号则继续与敌人进行战斗，直至船体损毁严重，弹尽粮绝，之后"卡温顿"号的船员将船烧毁，并逃往亚历山大港。此时"希格纳尔"号上25人阵亡、13人受伤，他们也想采用"卡温顿"号船员的策略，但是经过努力，"希格纳尔"号一直无法被点燃，因此被南方邦联俘获，在被拆除火炮之后，"希格纳尔"号被作为拦河障碍物凿沉。

"希格纳尔"号在约翰·斯科特中尉的指挥下于10月22日驶离密苏里州，并前往密西西比河参加维克斯堡战役。当时，在密西西比河支流对北方联邦战舰威胁最大的就是水雷，其中"开罗"号就是历史上第一艘被水雷炸沉的战舰，而随后，"希格纳尔"号于12月12日被派到亚祖河流域。

在1863年期间，"希格纳尔"号参加了1月进攻阿肯色州辛德曼堡的战役，又于2月在怀特河执行侦察任务，支援了维克斯堡战役，并在威廉·谢尔曼少将的指挥下参加了海恩陡岸的攻势，直至7月4日南方邦联军宣布投降。之后它又回到密西西比河和红河进行巡逻，以对南方邦联进行经济封锁。

技术参数：

排水量： 标准排水量172吨

主尺度： 46米×9米×0.55米

武器装备：
2门30磅帕罗特线膛炮；4门24磅榴弹炮；2门12磅达尔格伦线膛炮

机械装备： 蒸汽机带动艉部明轮

航速： 不详

船员定额： 不详

邦联海军“斯通威尔·杰克逊”号（1862）

在成为“斯通威尔·杰克逊”号之前，该舰船以颇具讽刺意味的“北方佬”号的名字开始服役，它是 1849 年在俄亥俄州的辛辛那提建造完成的。1862 年 1 月 25 日，船长詹姆斯·蒙哥马利开始计划把“北方佬”号改造成一艘棉包缓冲物的冲角舰，在其船首部安放一个 102 毫米的橡木鞘，外面加装了 25 毫米厚的铁板，安装在双层的松木舱壁内压缩包裹好的棉花。

整个改造过程在 1862 年 3 月 16 日完工，“斯通威尔·杰克逊”号开始在内河防御舰队服役。该舰的武器装备包括两门 32 磅线膛炮。该舰由一位内河艇的船长乔治·菲利普斯指挥。他接到命令，该舰要从蒙哥马利的主力中撤离，被派往杰克逊堡和圣菲利普来协助守卫新奥尔良。它也成了几

武器装备：邦联海军“斯通威尔·杰克逊”号装备有一门 32 磅炮。

艘非正式的为邦联海军守卫工作做出贡献的舰船之一。

当海军准将大卫·法拉格特于 4 月 24 日开始进攻后，蒸汽机舰“伐楼拿”号把其他的进攻舰船甩在后面，不久发现自己在上游处于孤立的境地。“斯通威尔·杰克逊”号用冲角进攻了“伐楼拿”号，它之前已经遭到“穆尔州长”号的攻击。“穆尔州长”号的船长贝弗利·肯农认为“斯通威尔·杰克逊”号为内河防御舰队中唯一一艘执行反攻行动的舰船。其他的舰船“只是在交火中被动地执行命令”，肯农悲叹道“而这些是它早已完成了的任务”。

内河战役

接下来的战斗有几个矛盾的记载，但都同意“斯通威尔·杰克逊”号又一次攻击了联邦的舰船。一些人认为这是决定性的打击，但历史学家切斯特·赫恩甚至肯农都坚信 R.J. Breckinridge 号进行了第三次冲角进攻，迫使“伐楼拿”号在岸边搁浅。

R.J. Breckinridge 号是内河防御舰队的一员，这可以让该组织恢复一些名声，也转移了对于肯农的一些批评。无论哪种记载准确，在“伐楼拿”号受伤离开了战斗前，它对“斯通威尔·杰克逊”号发射了 5 枚 203 毫米的炮弹。来救援“伐楼拿”号之时，“奥奈达”号又对“斯通威尔·杰克逊”号紧追不舍，将其逼至离岸上游约 6.5 千米的地方。该舰的船员然后燃烧了舰船以防止它被俘获。

技术参数：

排水量： 未知

主尺度： 未知

武器装备： 一门 32 磅线膛炮

机械装备： 舷侧明轮、蒸汽动力

航速： 未知

船员定额： 30 人

桅杆：不同于其他的内河艇，“查特胡奇河”号安装有三根风帆用桅杆。

邦联海军“查特胡奇河”号（1863）

邦联海军“查特胡奇河”号是总长为 39 米的炮艇，在 1862 年到 1863 年间在佐治亚州 Saffold 的一家私人公司——哥伦布海军钢铁厂建造完成。Saffold 位于佐治亚州的哥伦布南面 280 千米，在佛罗里达州阿巴拉契科拉的上游 224 千米处，“查特胡奇河”号被设计成既可以在内河航行，也能在海上远航。

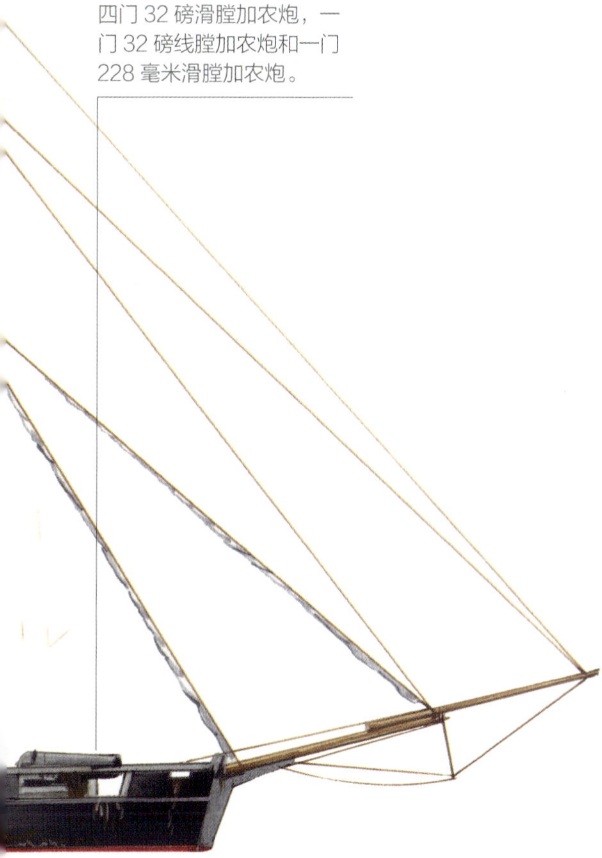

武器装备：该舰的火炮包括四门 32 磅滑膛加农炮，一门 32 磅线膛加农炮和一门 228 毫米滑膛加农炮。

一旦建造完成，邦联海军打算派它到下游，打破联邦的封锁，开放阿巴拉契科拉作为贸易口岸。它也会保护哥伦布市重要的制造业中心。

“查特胡奇河”号感到离这些崇高的期望相去甚远，并且被一个又一个的不幸事件所困扰。经过了多次延期，该舰在 1863 年 2 月下水，这也反映了邦联海军在造船方面所面临的困难。它在第一次内河航行中就搁浅了，船身严重损坏。到它修理好的时候，邦联海军放置障碍物到阿巴拉契科拉河里。这些障碍可以帮助阻止联邦海军的攻击，同时它们也阻止了“查特胡奇河”号入海的通道。由于放置了障碍物，它变成了只比一个浮动炮台好一点点而已的战舰。

灾难发生在 1863 年 5 月 27 日，当“查特胡奇河”号准备从佛罗里达州布朗斯顿起锚，试图夺取联邦海军帆船“时尚”号。船员缺乏经验导致锅炉爆炸，有 18 名船员丧生，其余船员均受伤，此事故也正式终结了该舰船的使命。

突击行动

1864 年 6 月 10 日，该舰被移至哥伦布进行修理，包括安装发动机和一个新的锅炉。在它闲置时间里，船上的 11 名军官和 50 名船员尝试俘获“阿德拉”号，并封锁阿巴拉契科拉。萨默塞特打败了这些突袭的舰船，俘获到了七艘船中的六艘，大量的设备和四名船员。

1865 年 4 月，联邦军队下令由少将詹姆斯·威尔逊封锁哥伦布，邦联海军摧毁了“查特胡奇河”号，以防止它被俘获。1964 年该舰的一个 9 米长的尾部和蒸汽机在查特胡奇河中被捞起，它的遗迹在哥伦布的美国内战海军博物馆展出。

技术参数：

排水量： 未知

主尺度： 39 米 ×7.6 米 ×2.4 米

武器装备：
四门 32 磅滑膛加农炮；一门 32 线膛加农炮；一门 228 毫米滑膛加农炮

机械装备： 双螺旋桨

航速： 12 节

船员定额： 120 人

命名：“杰克逊堡”号是一艘大型、快速的舰船，最初的名字叫“肯塔基”号和“联盟”号。

联邦海军“杰克逊堡”号（1863）

“杰克逊堡”号是一艘木制的、舷侧明轮的蒸汽机船，于1862年在纽约建造完成。它于1863年7月20日被海军部购买，在8月18日完成调试，在船长亨利·沃克的指挥下服役。它曾被命名为“肯塔基”号和“联盟”号。

1863年9月2日，“杰克逊堡”号离开纽约前往弗吉尼亚的梦露堡，并且迅速开始执行封锁任务。它截获了从百慕大群岛偷渡到北卡罗来纳州威尔明顿的英国军火船“康涅狄格”号，但在9月16日，当从百慕大群岛起航时，它的锅炉损坏了，迫使该舰转去纽约进行维修。

1863年12月修理工作完成后，“杰克逊堡”号被分配到北大西洋封锁中队。它从恐怖角离开，

在 1864 年 1 月于 Folly 的入口处帮助摧毁了封锁线穿越船“本迪戈”号。“杰克逊堡”号也有了一个新的指挥官本杰明 · 金沙。

四月，金沙从“杰克逊堡”号上率领一个突击小组，跨越障碍到达 Masonboro Sound，摧毁了一个制盐厂并且抓了一些战俘。该舰于 6 月俘获了封锁线穿越船舰“蓟”号，7 月俘获了“波士顿”号。它还收集漂浮在水面上的棉花包和货袋送到北方。在 10 月 21 日，它俘获了“万多”号，该舰满载一船棉花试图通过封锁线。

它在北大西洋封锁中队的最后使命就是两次支援功击费舍尔堡的行动。在第一次攻击中，它帮助运送了联邦军炮兵部队。在第二攻击中的对陆地进攻时，船长金沙观察到登陆冲锋的水兵被敌方火力无情扫倒。在这两次战斗中，它承担了将阵亡士兵运往博福特和将受伤的士兵运往汉普顿锚地的责任。

得克萨斯封锁

1865 年 2 月 1 日，“杰克逊堡”号被转移到西部海湾封锁中队。在佛罗里达州的彭萨科拉做了一些修理后，它封锁了得克萨斯海岸。4 月，它和“哥伦比亚”号在加尔维斯外捕获帆船“混沌”号。6 月 2 日，在加尔维斯顿湾，中将埃德蒙 · 柯比 · 史密斯在“杰克逊堡”船上签署文件接受密西西比河的邦联海军投降。战争结束后，“杰克逊堡”号于 8 月 7 日在纽约退役，9 月 27 日被出售。

技术参数：

排水量： 1678 吨

主尺度： 76 米 ×11.73 米 ×5.5 米

武器装备：
一门 100 磅线膛炮；两门 30 磅线膛炮；8 门 228 毫米滑膛炮

机械装备： 舷侧桨轮蒸汽机

航速： 14 节

船员定额： 未知

联邦海军“海恩德曼”号

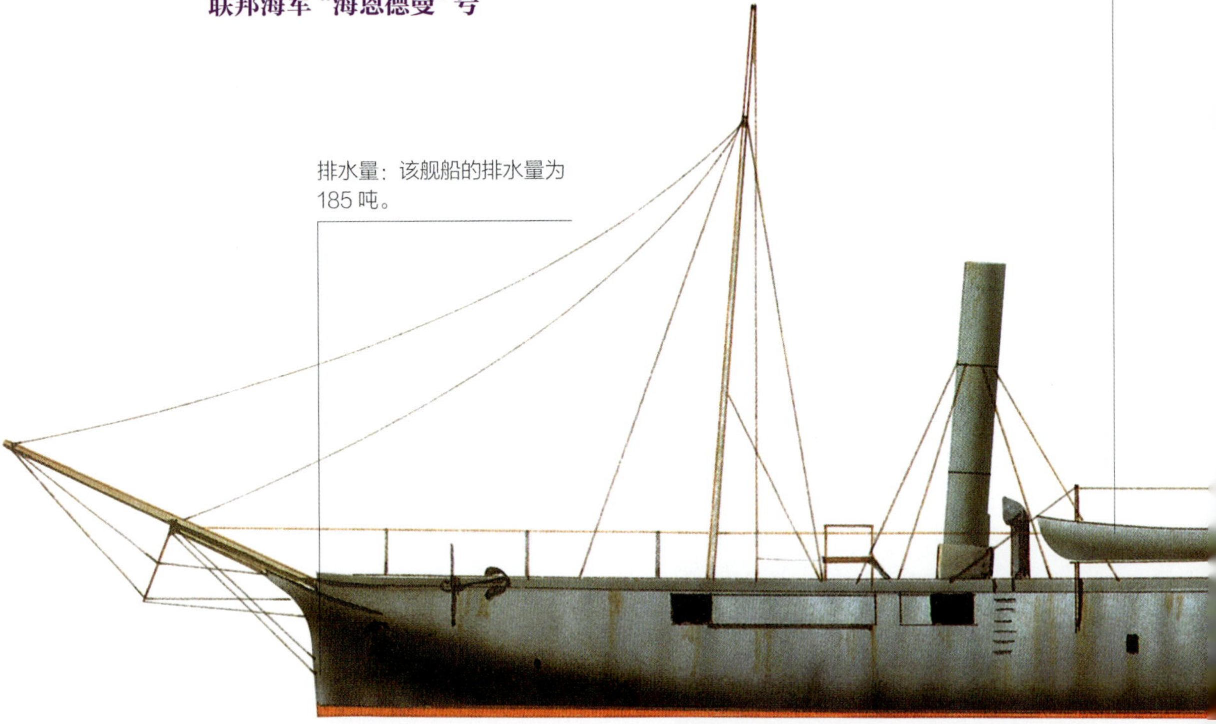

联邦海军“福奇亚”号（1863）

联邦海军“福奇亚”号是1863年在纽约建造的一艘炮艇。6月16日该舰被海军部购买，8月开始在W.T.斯特里特的指挥下服役。

该舰加入了波托马克舰队，在波托马克，拉帕汉诺克、潘卡坦卡、塔帕汉诺克、康托曼和圣玛丽河开始侦察和巡逻。

几个事件可以说明“福奇亚”号所承担的典型职责。1861年10月的它，与“柯里塔克”号一同俘获了蒸汽机船“三兄弟”号，这两艘船被发现其卸货时缺少适当的文件。一个月后，“福奇亚”号派遣一支登陆部队从拉帕汉诺克河上岸，逮捕了两名穿越封锁线的男子。那次遭遇之后的一天，它俘虏了一名“弗吉尼亚”号上的士兵。

1864年2月从华盛顿海军造船厂修理返航后，在3月7日，“福奇亚”号被派往潘卡坦卡，

武器装备：从 1864 年开始，该舰有一门 20 磅帕罗特线膛炮，一门 12 磅线膛炮以及 4 门 24 磅线膛炮。

寻找部队的拖轮“泰坦”号，这艘拖轮已被邦联海军俘获。发现拖轮时，拖轮已被烧到水线的边缘，船长于是派士兵来破坏拖轮的锅炉，防止其未来会被邦联海军使用。“福奇亚”号在同一水域执行类似的任务，直到 1865 年 8 月 5 日在华盛顿退役。它于 1865 年 9 月 23 日被出售。

联邦海军“海恩德曼”号

联邦海军“海恩德曼”号作为明轮汽船“杰姆斯·汤普森”号开始其职业生涯。它于 1863 年 3 月 14 日被出售，很快改名号为联邦海军“曼尼”号。4 月份它作为一艘轻装甲炮艇加入了密西西比河中队，由志愿兵中尉托马斯·赛尔弗里奇指挥。它在 11 月 8 日改名为“海恩德曼”号。

1863 年 7 月，“海恩德曼”号向着黑河的支流红溪行进，俘虏了铁甲舰“路易斯维尔”号。它继续在密西西比州中部及其支流巡逻，包括参与红水河战役。随着河水水位降低和邦联海军抵抗的增强，“海恩德曼”号和戴维·波特上将的舰队陷入困境。1864 年 4 月 27 日，“海恩德曼”号拖着被击伤的“朱丽叶”号，强行穿越了南方邦联海军的红水河河岸炮台封锁线。“海恩德曼”号遭到 19 发炮弹的功击，造成两人阵亡。“海恩德曼”号从交战中逃生，4 月 27 日在亚历山大上方急行，它和“奥沙治”号还有“尼欧”号一起通过了红水河上游的瀑布。

在整个战争期间，“海恩德曼”号在河流中和路易斯安那南部的海湾里航行，偶尔回到纳齐兹，该舰船在 1865 年 8 月 3 日伊利诺伊州山丘市退役，在 8 月 17 日被出售。

“福奇亚”号技术参数：

排水量： 185 吨

主尺度： 30 米 ×6.42 米 ×2.44 米

武器装备： 一门 30 磅线膛炮；一门 24 磅线膛炮（1863）

机械装备： 舷侧桨轮蒸汽机

航速： 未知

船员定额： 未知

联邦海军“仙女”号

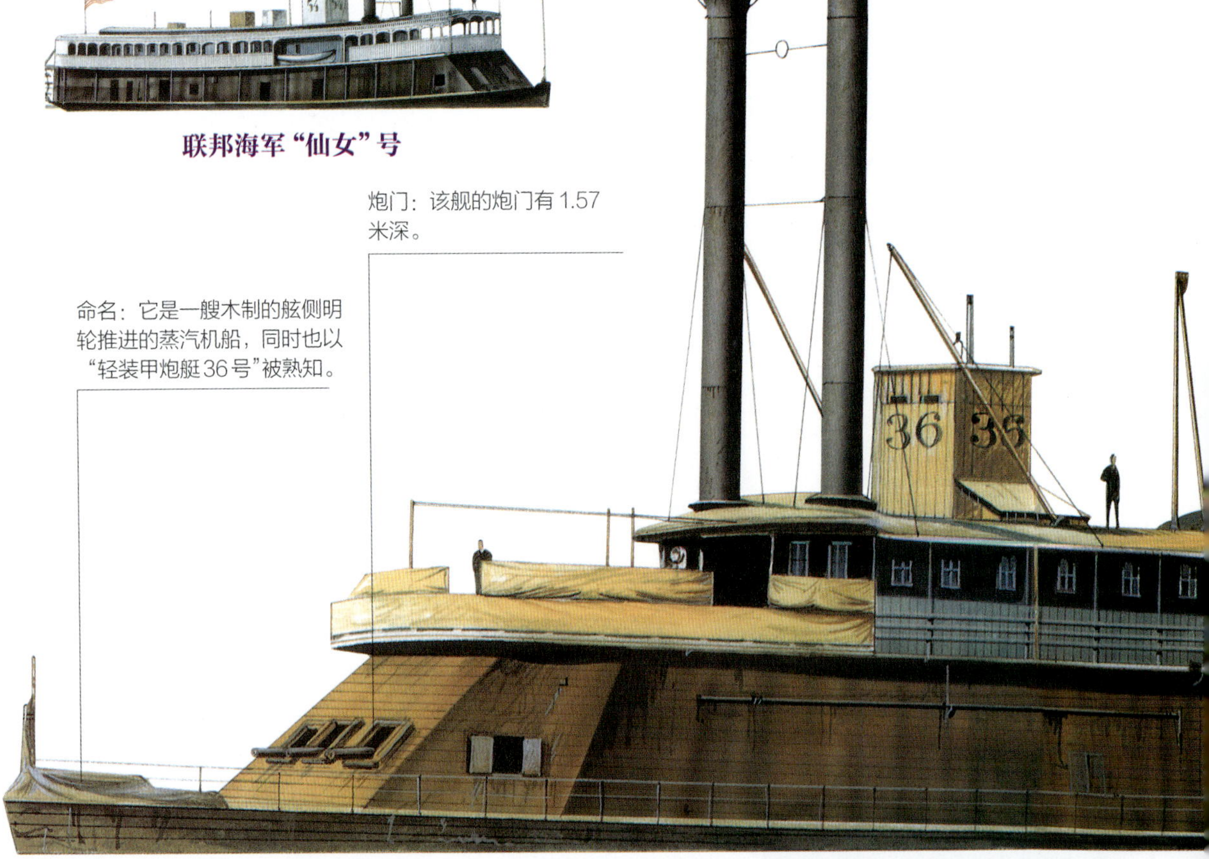

联邦海军“朴斯塔”号(1863)

“朴斯塔”号是一艘 1857 年建于俄亥俄州辛辛那提的圣约瑟夫市的渡轮。它于 1863 年在爱荷华州的迪比克被海军买走，被改装成一艘浅吃水的轻装甲炮艇炮舰，它保留了自己的名字，被指定为“轻装甲炮艇 36 号”。它于 10 月 2 日在托马斯·史密斯中尉指挥下开始服役。

“朴斯塔”号在 1863 年 10 月 28 日离开伊利诺伊州的开罗，11 月 3 日抵达肯塔基州的帕迪尤卡。它除了偶尔会在田纳西河到密西西比河东岸巡逻外很少离开帕迪尤卡，主要负责为联邦舰队和海军的活动提供保护。

在 1864 年的春天，它帮助阻止了南方邦联海军和陆军在帕迪尤卡的进攻，对方企图夺回失去了的沿河流的防守位置。该舰职业生涯中的一

个比较典型的不起眼事件是1月10日努力帮助搁浅的船只防止其泄漏。在这次事件中，两名“朴斯塔”号的船员落水淹死。其他不光彩的事件包括4月30日宪兵从船上逮捕了多名醉酒的水手。它在1865年8月7日退役，在10日之后的拍卖会上被售出。

“朴斯塔”号技术参数：

排水量： 185吨

主尺度： 46米×10.4米×1.83米

武器装备：
三门30磅的帕罗特线膛炮；两门32磅线膛炮；两门12磅滑膛炮；6门24磅火炮

机械装备： 蒸汽动力舷侧明轮

航速： 5节

船员定额： 未知

联邦海军“仙女”号（1864）

“仙女”号原来是一艘1863年在俄亥俄州辛辛那提建造的木制尾轮内河蒸汽机船。它被海军部在1864年3月8日采购，装备成一个轻装甲炮艇，在1864年4月11日伊利诺伊州的山丘市开始服役。它的指挥官是帕特里克·唐纳利。

“仙女”号的职业生涯是平静的，主要在密西西比河及其支流巡逻，来保持该水域对于联邦海军的补给和通信畅通。1864年12月，它在一个小的报复性突击行动中和在路易斯安那州的威廉斯波特的搜捕行动中发挥了作用。该舰与邦联海军的“韦伯”号的传奇事件被人们记住了。“韦伯”号在1865年4月奉命出海突袭联邦贸易船。4月23日，昔日的海盗船“韦伯”号通过识别欺骗过了“仙女”号，从路易斯安那州的洛布德尔出海，但它最终还是没能进入大洋开展突袭作战。

“仙女”号在6月28日后不久退役，于8月17日在山丘市一次公开拍卖会上被出售。

联邦海军“皇后镇”号（1863）

“皇后镇”号是一艘木制的，舷侧明轮的蒸汽机船，该舰被海军部于 1863 年 2 月 13 日从俄亥俄州辛辛那提的萨缪尔·威金斯那里购买，改装成了一艘浅吃水的轻装甲炮艇炮舰。1863 年 4 月 1 日，它在杰森·高迪的指挥下开始服役。

该舰最初装备有两门 20 磅的帕罗特线膛炮，两门 32 磅炮和四门 24 磅榴弹炮。10 月 7 日，它又获得了另外一门 12 磅炮来完善它的武器装备。联邦海军“皇后镇”号同时也作为一艘炮艇 26 号被人们所知，赋予它的这个号码是基于海军上将戴维·波特的命令，所有密西西比河中队的轻型浅吃水舰船应该有一个 60 厘米长、涂成黑色的编号，这个编号位于船首和驾驶室的舷侧。

吃水："皇后镇"号是一艘典型的内河蒸汽机船，可以在极浅的水域里航行。

"皇后镇"号从1863年春天开始在田纳西河执行军事行动，接着在夏天又被派往密西西比河沿岸，在此它执行常规的巡逻工作来保护该河的补给和通信畅通。10月13日它离开了阿肯色州的海伦娜，带着士兵来到了密西西比的一个小镇，它在此登陆并且占领了该镇。第二天清晨它又缴获了大量棉花。

骑兵袭击

接下来的几个月中，"皇后镇"号继续沿阿肯色河开展巡逻工作。6月24日，该舰在阿肯色州克拉伦登的白河沿岸抛锚。由陆军准将约瑟夫·谢尔比指挥的两支骑兵部队，在炮兵的掩护下向"皇后镇"号发起攻击，在短短的20分钟内"皇后镇"号就已经被炮弹打得千疮百孔，发动机也失灵了。

"皇后镇"号的船长米歇尔·希基被迫选择投降，与此同时，他给船上的船员两个选择，要么与该舰船一起投降，要么自己尝试着逃到一个安全地方。大约有一半的船员被俘，其余的人逃到了河对岸，并且在当天被"泰勒"号接走。

在"泰勒"号重新找到"皇后镇"号时，邦联海军已经将其爆破。谢尔比的骑兵突袭计划摧毁了在阿肯色州的联邦海军炮艇，并且在一段时期内扰乱了河上的货物装卸。1977年，密苏里大学哥伦比亚分校在出事地点发现了一艘沉船，但无法确定它就是"皇后镇"号。

技术参数：

排水量： 192吨

主尺度： 未知

武器装备：
两门30磅的帕罗特线膛炮；两门32磅线膛炮；四门24磅榴弹炮；一门12磅炮

机械装备： 舷侧桨轮，蒸汽机动力

航速： 未知

船员定额： 60人

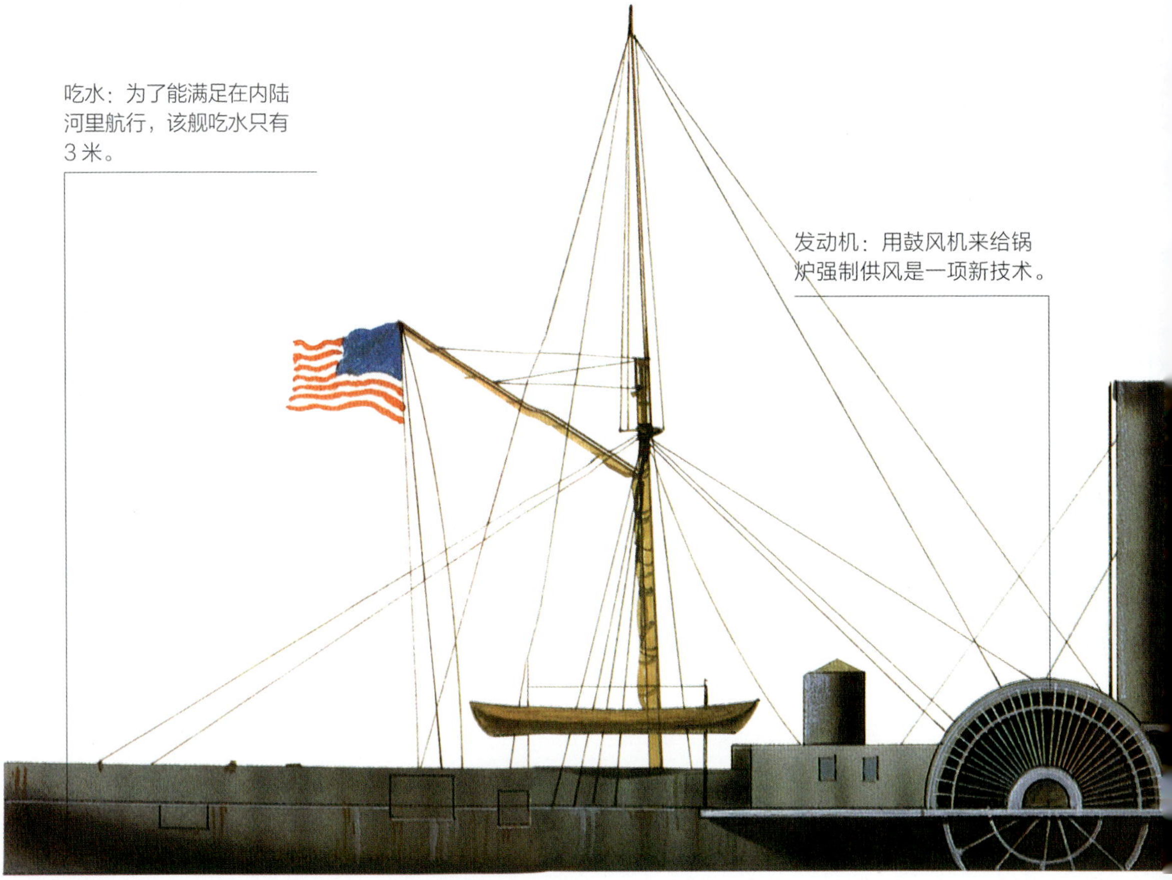

联邦海军“欧萨克”号（1864）

“欧萨克”号是一艘木制舷侧明轮船。1864年4月26日开始在波士顿海军工厂服役，由指挥官德雷克指挥。它第一次执行任务是在圣劳伦斯海湾，它保护了那里的美国捕鱼船以及许多受强暴风雨袭击的船只。

1864年10月2日，它被安排到汉普顿港，加入北大西洋封锁舰队。11月2日，它捕获了英国纵帆船“西比尔”号。当时，“西比尔”号正试图从北卡罗来纳州威明顿市载着307包棉花逃到海上。

1864年12月24日，“欧萨克”号参加了第一次北卡罗来纳州的菲瑟堡之役。它是海军大规模炮击舰队的一员，在那次战斗中，联邦军发

们是海军上将 大卫·波特组织的1600名水兵和400名海军陆战队队员组成的海军分遣队的一部分，参与了陆军主导的攻击。这支海军部队由中尉K.R. 布里斯指挥，但最终也没有对联邦军的胜利做出多大贡献。

北卡罗来纳州海岸

之后的战争中“欧萨克”号一直在北卡罗来纳州海岸执行常规任务。它于1865年7月28日退役。它的发动机被拆下，船体被移交给建设局，修复之后被重新利用在1868年建造的煤船上。

射了21000发炮弹，炮击持续了两天两夜，但是并没有对菲瑟堡造成任何损伤。“欧萨克”号击落了邦联军飘扬在城堡上的旗帜，邦联军还击打断了“欧萨克”号前桅的头部。

菲瑟堡战役的第二天，“欧萨克”号率领其他9支船只参与了进一步炮击菲瑟堡，并最后证明是令人失望的助力攻击。它也起到了封锁对方水雷艇通道的作用。

第一次袭击失败后，1865年1月13日，联邦军发动了一场配合更好的尝试。除了帮助部队登陆和提供火药，“欧萨克”号的少尉威廉姆·詹姆森和乌尔里克·费尔贝尔带领着44名士兵参与了登陆攻击。他们中2人牺牲，12人受伤。他

技术参数：

排水量： 1064吨

主尺度： 62.5米×10.7米×2.9米

武器装备：
2门100磅炮，4门228毫米滑膛炮，2门24磅榴弹炮

机械装备： 斜置式直接传动发动机

航速： 13节

船员定额： 200人

联邦海军"塔拉普萨"号(1864)

木制船身的"塔拉普萨"号是一艘萨萨库斯级双头轮船，由布兹在纽约海军工厂建造。双头设计专门用于轮船在浅海水域以及河流中航行。轮船两头分别配备了船舵，使船能够在两个方向运作。这个特性对于轮船在浅海域和狭窄河道的航行至关重要，在这些地方调头往往很困难。

"塔拉普萨"号排水量 1063 吨，于 1863 年 2 月 17 日试航。次年 9 月 13 日服役，由海军少校约瑟夫·德黑文指挥。

1864 年 8 月 4 日，"塔拉哈西"号封锁线穿越船冲过了北卡罗来纳州威尔明顿市的封锁线。它从美国弗吉尼亚州航行至加拿大的新斯科舍省，在大西洋沿岸掀起了一阵恐慌。"塔拉普萨"号于 10 月份匆匆投入使用，加入到"莫米"号 和

武器装备：1864 年，“塔拉普萨”号装有两门 100 磅炮，四门 228 毫米达利滑膛炮以及两门 24 磅榴弹炮。

“Yantic”号的巡逻队伍中，来回穿梭于大西洋沿岸。海军上将大卫·波特下令，一旦发现“塔拉哈西”号，联邦舰队必须不惜一切代价击沉它。“塔拉普萨”号在一场持续两天的暴风雨中终止了它徒劳无功的搜寻，这场突如其来的暴风雨使它的船舵失灵，还造成了船身其他损坏。它最终于 9 月 7 日早上挣扎着驶进波士顿。8 月 26 日，“塔拉克西”号成功地在 33 艘联邦军舰的封锁下返回威明顿。

东海湾封锁中队

经过修理，“塔拉普萨”号于 12 月 24 日再次出航。当“塔拉普萨”号停留在波士顿的时候，它的三名船员离舰逃走了。“塔拉普萨”号驶往佛罗里达州的基维斯特，和东部海湾封锁中队一起担负他们的使命。在那里，它度过了一段平静的服役期。

“塔拉普萨”号最大的贡献发生于 1865 年 1 月 11 日，当螺旋桨护卫舰“圣哈辛托”号在巴哈马海域搁浅后，它帮助打捞“圣哈辛托”号的物料和设备。美国内战结束的时候，“塔拉普萨”号正位于得克萨斯州的加尔维斯顿港。1867 年“塔拉普萨”号在华盛顿海军工厂退役。

1869 年，“塔拉普萨”号作为派遣船重返服役，它通过对美国内战传奇英雄大卫·法拉格特的两次航载服务和美国内战维持了一些联系。1892 年，尽管“塔拉普萨”号被指责服役期间表现不合格，但它作为诺沃克退伍军人纪念美国内战的文物继续保留。

技术参数：

排水量：1063 吨

主尺度：62.5 米 ×10.7 米 ×1.9 米

武器装备：
两门 100 磅炮；四门 228 毫米达利滑膛炮；两门 24 磅榴弹炮

机械装备：蒸汽机

航速：11.5 节

船员定额：190 人

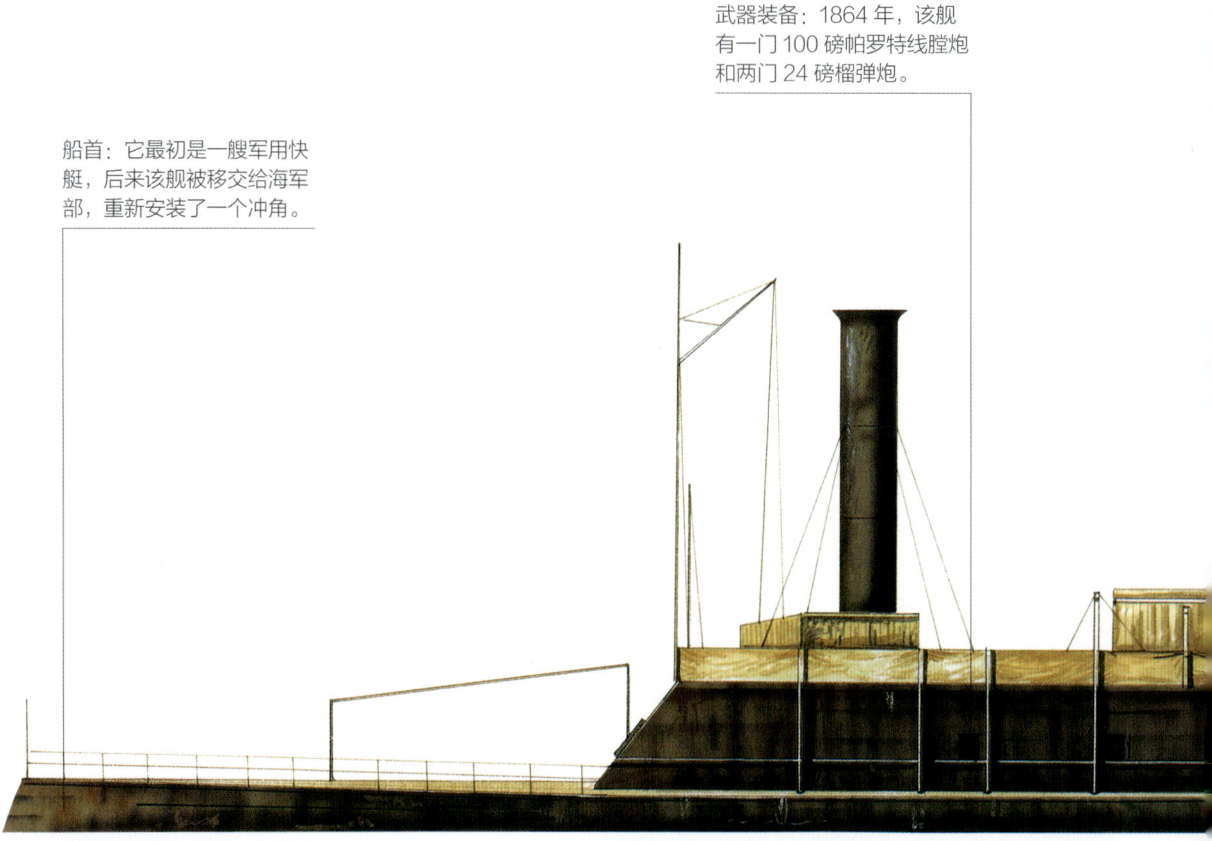

联邦海军“复仇者”号（1864）

早在 1862 年，查尔斯·埃利特就说服美国陆军部，蒸汽动力的出现必将带来海军撞击战术的复兴。埃利特被任命为陆军上校，受命为密西西比河及其支流的军事行动建造一支有撞角的舰队。这些舰船只是由破旧的内河船改造而成，船体已被加固，船首填满木料，这样一来便可躲过敌舰的蓄意碰撞。

这些舰船的存在完全是为了与敌舰战斗到底。而正是出于此目的，美国印第安纳州新奥尔巴尼的军队在 1863 年拥有了“复仇者”号。由于这些船只除了撞角之外几乎没有其他武器装备，所以

支持地面军队

12 月初，“复仇者”号被重新分配到第六区。在 12 月 27 日赴亚祖河侦察过程中，它和一艘名为“草原鸟”的艉明轮船掩护并转移了一支在密西西比河西部邦联控制区受袭的联邦骑兵部队。拿破仑 · 达纳宣布这次行动是“非同寻常的成功”，并且报告摧毁了大布莱克河上的铁道桥梁，一段 48 千米的铁轨，并截获了送往邦联军队的物资。达纳赞扬这两艘炮艇的行为说：“密西西比河第六区舰船的援助使得此次侦察取得圆满成功。”

战争期间，“复仇者”号一直留在了第六区。它曾在 1865 年 4 月 23 日和 24 日在密西西比河的红河口追击过邦联撞角军舰“威廉 · 韦伯”号，但以失败告终。7 月，“复仇者”号在伊利诺伊州的芒德城被拆解，并于 11 月 29 日被公开拍卖。

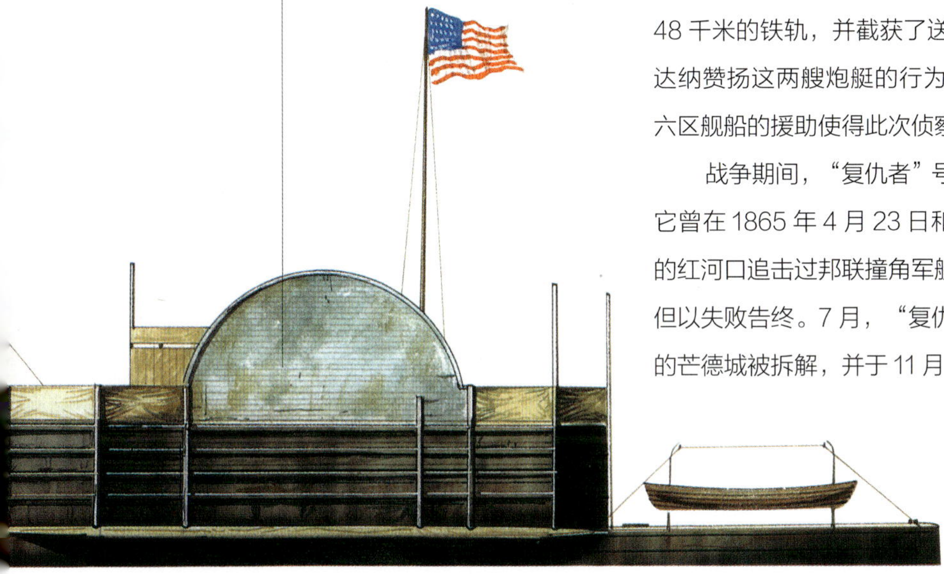

舷侧桨轮：“复仇者”号是一艘舷侧明轮推进的蒸汽机船。

一旦邦联舰队不再是直接威胁，它们的功能也是有限的。因此 1864 年，“复仇者”号被转交给海军，并于同年 5 月 24 日由海军少校托马斯 · 塞尔弗里奇担任指挥官。

7 月 4 日，“复仇者”号被分配在密西西比河中队第五区，并于当月下旬被派遣至密西西比州的纳齐兹。它在那里执行巡逻及侦察任务。“复仇者”号船首的小炮门里装备有 100 磅帕罗特炮，有了撞角和强有力的武器之后，它便摇身一变，成了威风凛凛的小炮艇。它和该中队其他舰队船只的存在和警戒作用阻止了 8 月 22 日邦联军一场有预谋的渡河行动。

技术参数：

排水量： 680 吨

主尺度： 长度和船宽未知；吃水 1.8 米

武器装备：
一门 100 磅炮；两门 24 磅榴弹炮；1 门 12 磅炮；一门 12 磅重型迫击炮

机械装备： 明轮推动蒸汽机船

航速： 12 节

船员定额： 未知

突袭舰

邦联海军 "卡尔霍恩"号（1861）

这艘船于1851年在纽约建造，后来卖给了古巴，取名为"卡尔霍恩"号。它于1861年5月15日被邦联政府征用为武装民船，由船长约翰·威尔逊指挥。在随后的5个月里，这艘船斩获了六项战绩，但由于只有五门小型甲板炮，它明显无法与"邦联海军最优火力"的战舰相匹敌。

后来它被调到了邦联海军，由J.H.卡特中尉指挥。虽然武装不足但空间很足，这使得"卡尔霍恩"号在准将乔治·霍林斯克服重重困难保护通往新奥尔良的沿海之路期间成了他的旗舰。"卡尔霍恩"号首次亮相是在1861年10月12日，当时霍林斯在密西西比河成功击败了极其自负的联邦舰队，但是由于武装不足，该舰并未参与这场战斗。

拖船：战争开始之前，“卡尔霍恩”号是一艘拖船，负责把远航的船从密西西比河拖到新奥尔良。

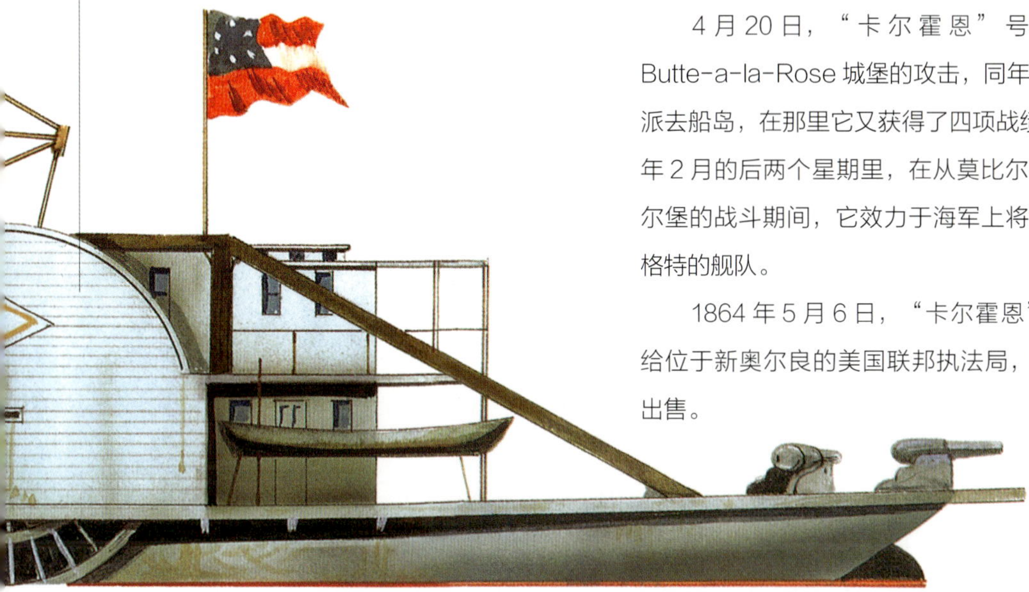

河上战斗

1863 年 4 月 14 日，“卡尔霍恩”号在路易斯安那州阿查法拉亚河的一次攻击行动中加入了“埃斯特雷利亚”号和“亚利桑那”号编队。从“卡尔霍恩”号进行的一次远程炮击点燃了“西方皇后”号的棉花，大火将“西方皇后”号吞没，随后，搁浅爆炸。

4 月 20 日，“卡尔霍恩”号参与了对 Butte-a-la-Rose 城堡的攻击，同年 8 月，它被派去船岛，在那里它又获得了四项战绩。在 1864 年 2 月的后两个星期里，在从莫比尔湾炮击鲍威尔堡的战斗期间，它效力于海军上将戴维·法拉格特的舰队。

1864 年 5 月 6 日，“卡尔霍恩”号被移交给位于新奥尔良的美国联邦执法局，6 月 4 日被出售。

1862 年 1 月 23 日，在密西西比河的西南汊口和中间汊口，一艘中型武装帆船“塞缪尔·罗坦”号俘获了“卡尔霍恩”号。“卡尔霍恩”号曾试图载着超过 22.5 吨的货物，包括火药、步枪、化学制品和咖啡溜进西南关口。

后来，“卡尔霍恩”号被联邦服务机构征用，由德·哈文指挥。它于 3 月 19 日加入了西部海湾封锁中队并巡视了分汊口。5 月 5 日前，“卡尔霍恩”号为去庞恰特雷恩湖工作而经过密西西比河时，它协助俘获了 13 艘船，由此证明了它是一艘娴熟的封港舰。在它俘获的船里，有轮船、炮艇、纵帆船，还有一条单桅帆船。同年晚些时候，它在阿查法拉亚湾还俘获了另外一条单轨帆船。

技术参数：

排水量：462 吨

主尺度：未知

武器装备：一门 18 磅炮；两门 12 磅炮；两门 6 磅炮

机械装备：蒸汽机螺旋桨船

航速：未知

船员定额：85 人

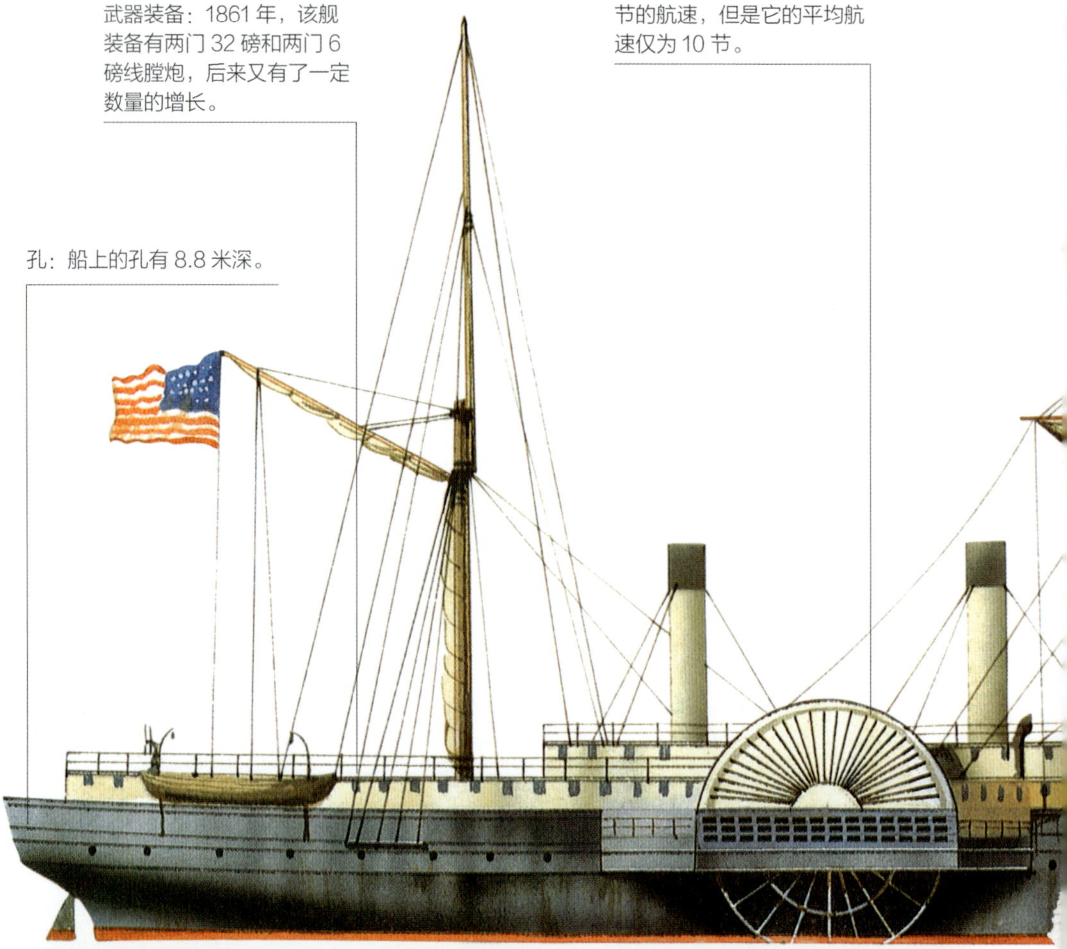

联邦海军“费城”号（1861）

“费城”号是一艘明轮船，1854 年建于费城，并于 1861 年 8 月 12 日被海军所购。12 月 14 日，它由詹姆斯·福瑞雷指挥服役。它成了最活跃、也是最高效的一艘联邦封港舰。

即使是被征用之前，它也是被租给海军的，被派驻在切萨皮克湾的入口处。它很快就证明了自己的价值。1861 年 5 月 14 日，它参与了北卡罗来纳州的封锁战，也参与了 5 月 25 日对“先锋者”号在汉普敦水道的猛攻和对“威妮弗蕾德”号在亨利角外的猛攻。

5 月 30 日，它在切萨皮克湾俘获了纵帆船“林奇伯格”号，6 月 4 日，在亨利角外对“女皇”

封锁战斗

1863年1月31日，它协助击退了由“Chicora”号和“棕榈州”号在查尔斯顿向联邦封锁舰队发起的攻击。在这场战斗中，由于炮弹在它的轮机舱爆炸，使得它受了相当大的损坏。不过修复之后，它很快又回到了战斗中，3月9日，它在威尔明顿市俘获了纵帆船“杜罗河”号。1864年6月26日，它捞起了40捆漂在海上的棉花，并于9月5日参与了在查尔斯顿对“埃尔希”号轮船的俘获。12月24日，它参与了在北卡罗来纳州对“菲瑟堡”号一次失败的攻击。

随后，1865年3月12日，它在墨西哥湾巡航时俘获了“R.H. Vermilyea”号，3月16日俘获了“泰勒米克”号，3月17日，俘获了“乔治布克哈特”号。战争临近结束时，3月23日，轮船“科拉”号在得克萨斯州布拉索斯河圣地亚哥，向“费城”号投降。4月24日，它在“韦伯”号急驶向大海时将它捕获。5月18日，“费城”号在费城海军造船厂退役，并于6月20日出售。

号发动了猛攻。6月10日，它在汉普敦水道协助俘获了“艾米·沃里克”号。6月26日，它又对“莎莉麦基”号发动了猛攻，并在7月1日参与了俘获纵帆船“莎莉·米尔斯”号。8月29日，它俘获了纵帆船“顺风”号。

为了进行维修和接新的船员它向北航行后，又被派去追捕“萨姆特”号。1862年6月30日，它在墨西哥湾俘获了“莫德尔”号，7月3日，它在弗吉尼亚州霍因沃俘获了“莉拉”号。四天后，它在巴哈马群岛协助俘获了“阿德拉”号，7月24日，在基韦斯特岛的南部，坎佩切湾岸边，它俘获了封锁线穿越船“猎户座”号。

技术参数：

排水量： 1451吨

主尺度： 74.6米×10.9米×3.9米

武器装备：
一门20磅炮；八门32磅炮（1863）

机械装备： 一台活塞行程2.4米的水平布置蒸汽机，侧置布局

航速： 最大13节；平均10节

船员定额： 99人

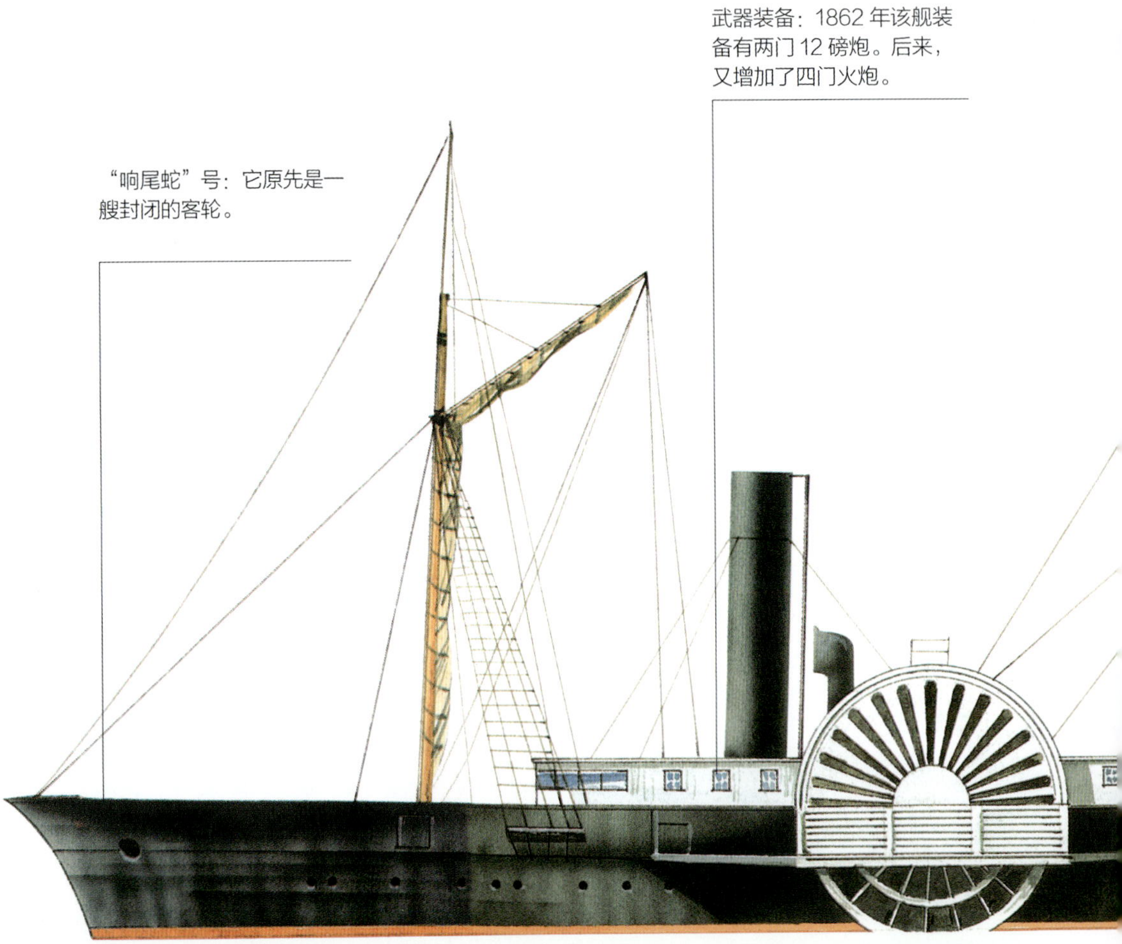

邦联海军“响尾蛇”号（1861）

“响尾蛇”号最初名为“纳什维尔”号，后来改名为“托马斯·雷格”号。作为“纳什维尔”号时，它是一艘邮件服务船，内战之前一直往返于纽约和南卡罗来纳州的查尔斯顿。萨姆特堡陷落之后，它在查尔斯顿被捕获，并被装配为一艘巡洋舰，听命于中尉 R.B. 佩格兰姆。

1861 年 10 月 21 日，它冲破封锁线，航行到英格兰的南安普敦，成了第一艘在英格兰水域升起邦联国旗的战船。11 月 19 日，它在英吉利海峡捕获并烧毁了航行中的商船“哈维 · 伯奇”号。1862 年 2 月 26 日，在回美国的途中，它捕获并烧毁了纵帆船“罗伯特 · 吉尔菲兰”号。这两项

战绩“价值”66000美元。2月28日，它冲破封锁线并到达博福尔。它在那里一直停留到3月中旬，然后去了南卡罗来纳州的乔治城。

“纳什维尔”号被卖给了一个私人组织，改为一艘封锁线穿越船，命名为“托马斯·雷格”号，但吃水浅限制了它的效率。11月，它再次被卖出，并成了武装民船“响尾蛇”号。它的轮廓被整体改低，并装上了重炮。1863年2月，它在欧吉奇河上向着麦卡里斯特堡航行，为远航大海做准备。2月27日，“蒙塔克”号的到达使它被迫撤退，在距城堡只有11千米的地方搁浅。

第二天，当其他的联邦战舰炮轰麦卡里斯特堡时，“蒙塔克”号用它180毫米和381毫米的大炮在仅有1092米的距离攻击了“响尾蛇”号。“响尾蛇”号着火了，它的弹药库爆炸了。下午三点左右，它被烧毁在岸边。

救难工作

1866年至1868年间，“响尾蛇”号的部分残骸被打捞起来，1888年又一部分残骸被打捞起。1956年到1959年间，潜水者们同佐治亚历史学会为麦卡里斯特堡博物馆打捞起了这艘船的机器以及一些其他的配件。20世纪60年代到70年代间，为了避免这些残骸成为航海危险物，陆军工程兵团使这些残骸下沉。在随后的20年间，私人救难者们对这些残骸做了大量的研究，试着为残骸申请救助权，但是佐治亚州已经赢得了一桩对残骸索赔的官司。

技术参数：

排水量：1108吨

主尺度：68.73米×10.52米×6.63米

武器装备：两门12磅炮（1862）

机械装备：风帆和蒸汽机

航速：未知

船员定额：130人

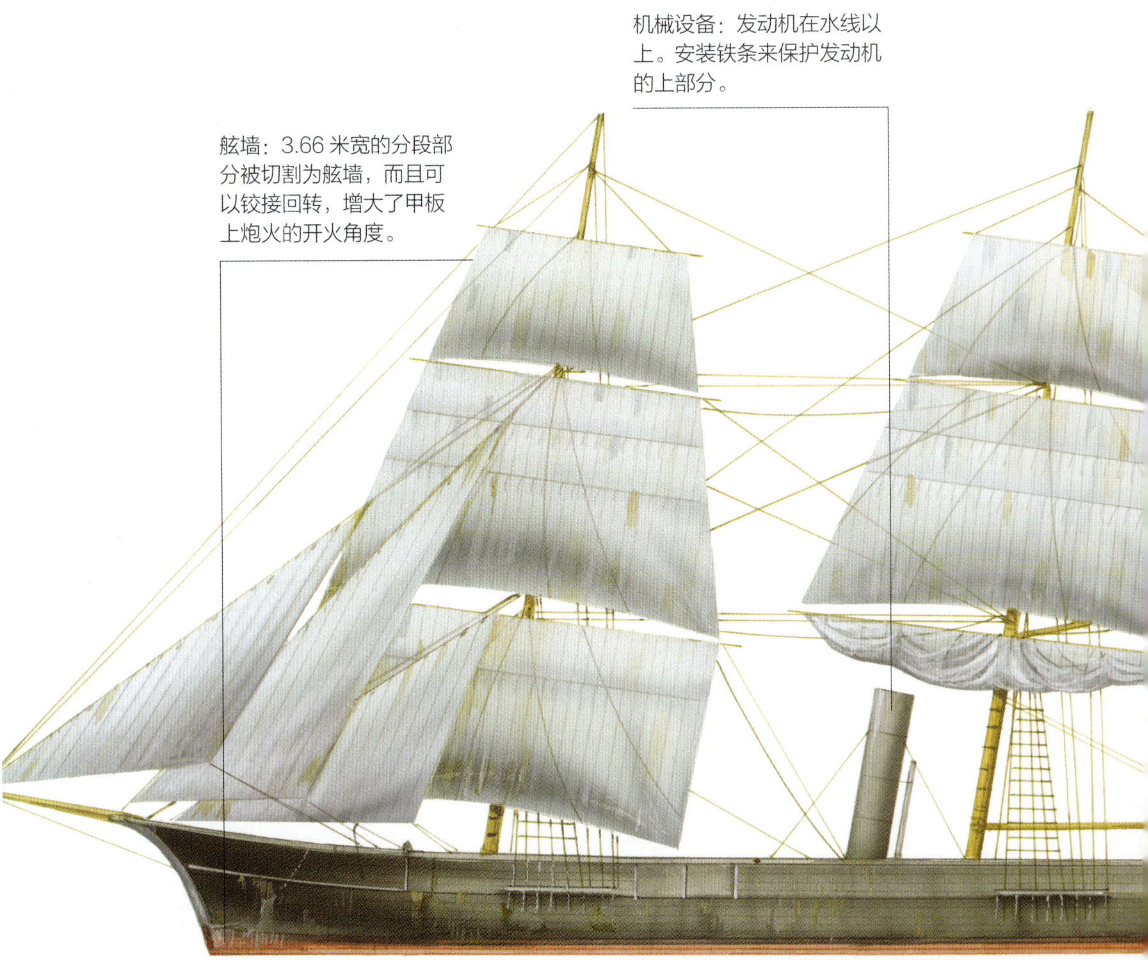

邦联海军“萨特姆”号（1861）

“萨特姆”号建于 1859 年，原为多轨配帆的轮船“哈瓦那”号，为麦康内尔公司的新奥尔良—哈瓦那航线而建。1861 年 4 月，它在新西兰被南方邦联买下并被改成一艘巡洋舰，船长是拉斐尔·塞姆斯。6 月 3 日，它接到任务，很快就作为一艘商务袭击舰出海。

6 月 30 日，“萨特姆”号利用封港舰“布鲁克林”号离开本舰战位去追另外一条船的机会离开港口。当“布鲁克林”号一发现“萨特姆”号出海，就马上追了上去，但“萨特姆”号还是逃脱了。随后，它在西印度群岛、南马拉尼昂和巴西进行了巡航，取得了几项战绩。后来它回到了

号驶向英国，但“特伦特”号事件残留的紧张感使美国没有对一艘飘着英国国旗的船进行干扰。

甲板：改造成了一艘突袭舰船，该舰的甲板允许承载额外的 4990 千克火炮重量。

马提尼克，在那里，它被“易洛魁”号发现正在装煤，“易洛魁”号船长向当地政府进行了抗议，并准备阻止“萨特姆”号离开圣皮埃尔。

九天后，“萨特姆”号趁着天黑逃跑了，于 1862 年 1 月 4 日到达西班牙卡迪斯。然而，美国政府正在迫使欧洲各国实施中立法。“萨特姆”号只被允许做一些必要的修补，并且不给补给燃料，它被迫驶向直布罗陀海峡。由于手头事情很多，11 月 25 日，邦联海军欧洲代理詹姆斯·布洛克命令詹姆斯·威尔森卖掉“萨特姆”号。中尉罗伯特·查普曼找到一个英国买家，完成了这笔交易。虽然布洛克担心“齐佩瓦”号可能会试图阻止“萨特姆”号驶向英国，但“特伦特”号事件残留的紧张感使美国没有对一艘飘着英国国旗的船进行干扰。

成功的掠袭者

在短短 6 个月期间，“萨特姆”号取得了 18 项战绩并将联邦舰船从封锁线上转移。随后，它作为一艘以利物浦为基地的封锁线穿越舰“直布罗陀”号开始了新的职业生涯。作为一艘封锁线穿越舰，在 R.C. 里德船长的指挥下，它至少有一次进入了北卡罗来纳州威明顿市。驻英国的美国领事仍在很小心地监视着改了名字的“萨特姆”号。1863 年 7 月 3 日，当里德船长离开利物浦的时候遭到了抗议，他们抱怨：“‘直布罗陀’号是享有特权的一类船，并没有像其他船一样受到严格规定的压制，也没有被命令遵守法规。”里德的货物包括两门 22 吨重的布莱克利大炮和其他军需品，并满载棉花而归。最后一次它的官方报道是在 1864 年 7 月 10 日，美国驻利物浦的领事记录道：“海盗船‘萨特姆’号（曾名‘直布罗陀’号）已经暂停使用。”

技术参数：

排水量： 407 吨

主尺度： 56 米 ×9.1 米 ×3.7 米

武器装备： 一门 203 毫米炮；四门 32 磅炮

机械装备： 蒸汽机推动螺旋桨外加风帆

航速： 10 节

船员定额： 18 人

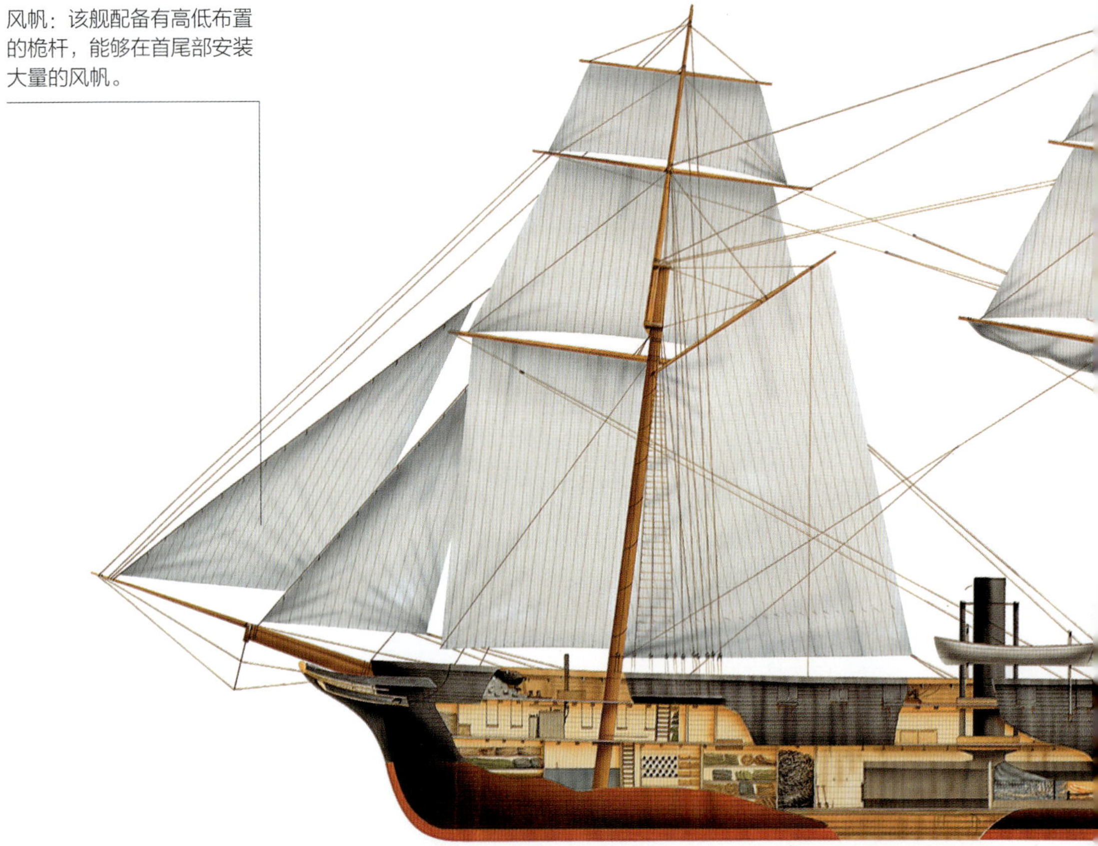

邦联海军“阿拉巴马”号（1862）

南方邦联海军“阿拉巴马”号是邦联商务掠袭船中最有名、也是最高效的一艘，在它的职业生涯中，一共使 69 艘船或沉没、或烧毁、或被捕获，价值共计六百万美元。“阿拉巴马”号是一艘重 952 吨的蒸汽动力螺旋桨推进单桅帆战船，建于英格兰的别根海特，是詹姆斯·布洛克将工作重点转移到为邦联获得战船后的一项成果。

约翰·莱尔德·桑斯建造了这艘船，它首次下水时伪装成一艘商船，名为“艾瑞卡”号。后来，它与供应船会合并被装配成一艘巡洋舰出海，并于 1862 年 8 月 24 日被命名为“阿拉巴马”号。

船长拉斐尔·塞姆斯是它最耀眼的船长。

1862 年间，“阿拉巴马”号巡航了北大西洋和西印度群岛，捕获了超过二十艘联邦商船。大多数战绩都是值得夸耀的，只有邮轮“阿里尔”号除外，因为这是一艘 12 月 7 日从古巴启程的邮轮，载有几百位乘客。

1863 年 1 月 11 日，塞姆斯来到得克萨斯州的加尔维斯顿，计划侵袭一支他认为正在那里集合的联邦舰队。实际上，邦联军队近日已经重新占领了这个城市，塞姆斯利用这个时机击沉了“哈特雷斯”号。随后，他驾着“阿拉巴马”号驶向了南大西洋，8 月份在开普敦市小驻，后来又继续驶向东印度群岛，于 12 月到访了新加坡。1863 年整年，“阿拉巴马”号一共捕获了将近 40 余艘商船，这给美国的海上贸易造成了恐慌。

击退瑟堡

在塞姆斯指挥下，“阿拉巴马”号负担了过大的使用量，这开始给它造成损耗。船的速度变慢了，1864 年“阿拉巴马”号只捕获了很少几艘船。由于意识到它需要一个全面检修，6 月 11 日塞姆斯带“阿拉巴马”号来到法国瑟堡维修。联邦“奇尔沙治”号很快也到达了港口，6 月 19 日，“阿拉巴马”号起航去面对这个挑战。在一个小时的激烈战斗中，“奇尔沙治”号击沉了“阿拉巴马”号。大部分的舰上水兵被“奇尔沙治”号救起，但是其他人，包括塞姆斯在内，逃向了英国游艇“猎鹿犬”号。

1984 年，在法国瑟堡，法国海军猎雷舰“赛斯”号在进行操作练习时发现了“阿拉巴马”号的残骸。从那以后，法国和美国研究者们对这个残骸展开了考古调查。

技术参数：

排水量： 952 吨

主尺度： 67 米 ×9.65 米 ×5.38 米

武器装备： 六门 32 磅炮；一门 110 磅炮；一门 68 磅炮

机械装备： 两台 224 千瓦水平布置蒸汽机；单螺旋桨；辅助帆

航速： 13 节

船员定额： 114 人

邦联海军“佛罗里达”号（1862）

“佛罗里达”号是通过詹姆斯·布洛克的努力，在英格兰建造的一艘邦联海军舰船。该舰是一艘蒸汽机 – 螺旋桨的游轮，排水量为 635 吨。该舰是在一艘意大利测深船“ORETO”号基础上建造的，这么做是为了使人们确信这艘船看起来是为意大利而不是为邦联政府所造。

它在 1862 年 3 月悬挂英国国旗并由一名英国船长驾驶，作为商船前往巴哈马。它没带火炮或其他军事补给，船上唯一的邦联人员是约翰·劳。抵达拿骚后，劳把该船转交给邦联军中尉约翰·马福特，劳因此获得了绰号“海盗王子。”

尽管面临很多国际监督的情况下，马福特仍

将其装备为一艘海军战舰，并于1862年8月作为“佛罗里达”号开始服役。马福特首先带该舰去古巴，然后达到了亚拉巴马州的莫比尔，在那里他完成了它的舾装工作，并且修复了在穿越联邦封锁线时的损伤。

“佛罗里达”号在1863年1月16日穿越了封锁线，开始了八个月的大西洋和西印度群岛的巡航。它在1863年8月到达法国的布雷斯特，进入法国政府的船坞之前，俘获了22个战利品。马福特患上了黄热病，不得不放弃指挥，把指挥权交给中尉查尔斯·莫里斯。

1864年2月“佛罗里达”号再次出海。它躲在巴巴多斯，沿着美国海岸，向东航行到特内里费的金丝雀群岛。它在1864年10月抵达巴西的巴伊亚前，获得了另外11个战利品。

侵犯中立

10月7日，该舰在港口抛锚，船长和一半的船员都已上岸，此时它遭到联邦军“温彻斯特”号的攻击。几乎毫无招架之力，该舰被俘获并且被拖到海上。这一行为违反了巴西的中立性，在“佛罗里达”号被拖到美国后，法院命令其返回巴西。

11月28日，该舰在和一艘渡轮“联盟”号相撞后，在弗吉尼亚州的纽波特纽斯沉没。一些观察者怀疑此次碰撞是否是个意外这么简单。不管怎样，“佛罗里达”号无法返回巴西了。

技术参数：

排水量： 635吨

主尺度： 58米×8.28米×4.0米

武器装备： 六门152毫米布莱克利线膛炮；两门178毫米布莱克利线膛炮；一门12磅炮

机械装备： 风帆和蒸汽动力

航速： 9.5节；风帆下12节

船员定额： 146人

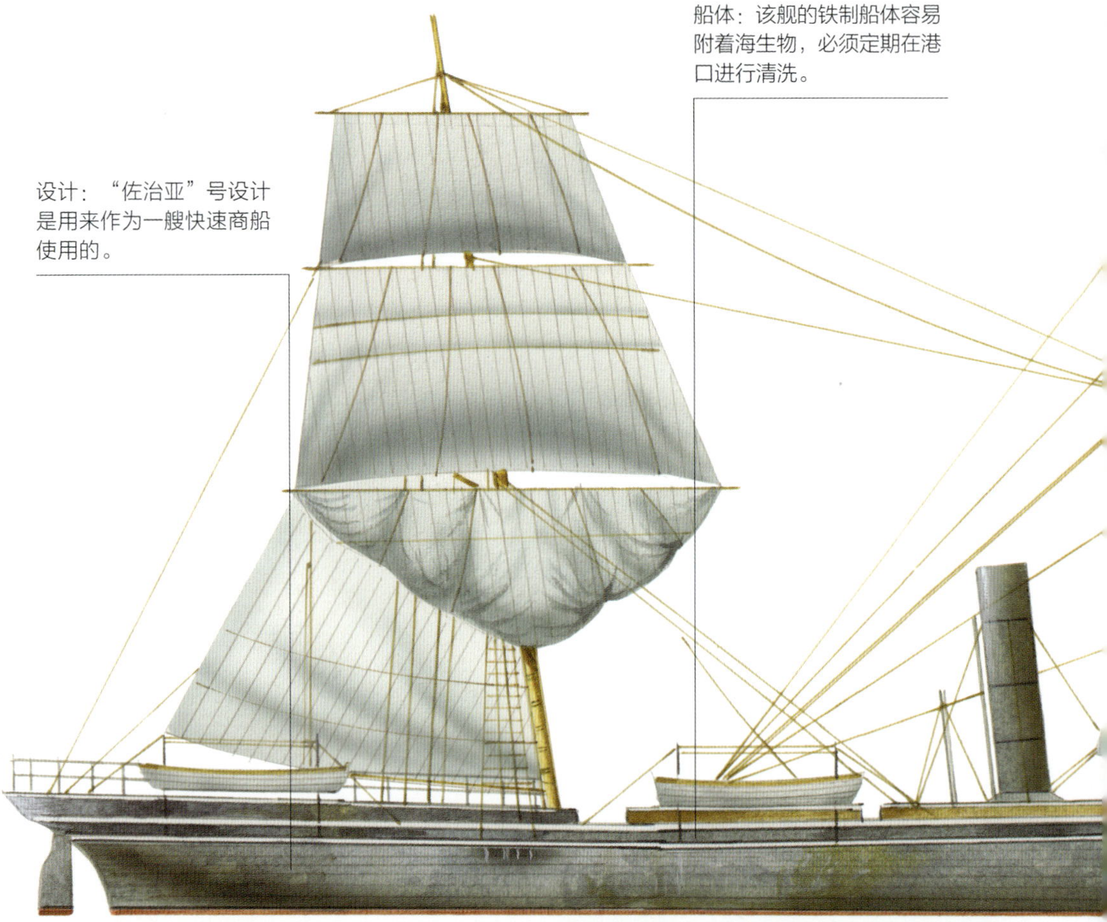

邦联海军"佐治亚"号（1862）

"佐治亚"号建于 1862 年，本来是快速商船"日本"号。该舰于 1863 年 3 月被马修·莫里在苏格兰的邓巴顿购买，此次采购听取了荷兰皇家海军船长马尔文·延森的建议，却遭到指挥官杰姆斯·布洛克异议，他认为该船的铁船体不适合持续巡航，因为必须在港口对其船体进行定期清洗。

尽管存在这一缺陷，莫里显然对"日本"号很满意，因为在英国获得木制船舶的合同很难（这里铜底的船越来越受欢迎），更脆弱的问题是，这艘船的风帆只能作为配套使用，因此它必须找到一个中立港口，以确保每隔 90 天左右加一次煤。

大西洋突袭

"佐治亚"号 4 月 1 日离开了苏格兰的格里

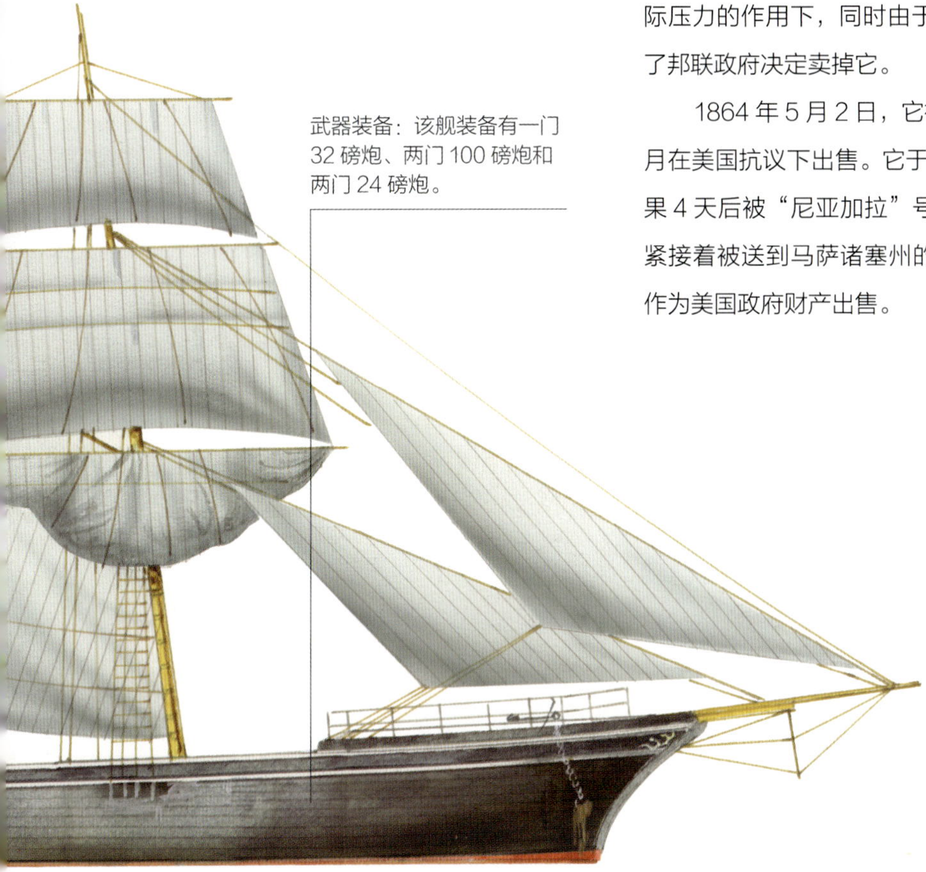

际压力的作用下，同时由于该舰的不佳表现导致了邦联政府决定卖掉它。

1864年5月2日，它被带到利物浦，并于6月在美国抗议下出售。它于8月11日去海上，结果4天后被“尼亚加拉”号在葡萄牙俘获。该舰紧接着被送到马萨诸塞州的波士顿，在那里它被作为美国政府财产出售。

诺克，与“阿拉尔”号在法国的阿申特岛会合。4月9日该舰在威廉·莫里的远房表弟马修·莫里的指挥下带着枪支、弹药和其他补给品，升起了邦联政府旗帜。莫里已经成功地获得该船，并以创纪录的速度去航行。

“佐治亚”号在横穿大西洋时捕获了9个战利品。它于10月28日在法国的瑟堡结束航行。在那里进行维修，莫里提出了“佐治亚”号的许多不足之处，要求解除自己的指挥权。取而代之的是中尉威廉·伊万斯，它决定将其武器装备转移到“拉帕汉诺克”号上，但是却不成功。相反，“佐治亚”号被移到波尔多5千米外的安克雷奇，在这里它退役了。在法国政府监督和越来越多的国

技术参数：

排水量： 635吨

主尺度： 65米×8.2米×4.19米

武器装备：
两门100磅炮；两门24磅炮；一门32磅炮

机械装备： 两个缸径1372毫米四胀式蒸汽机

航速： 未知

船员定额： 未知

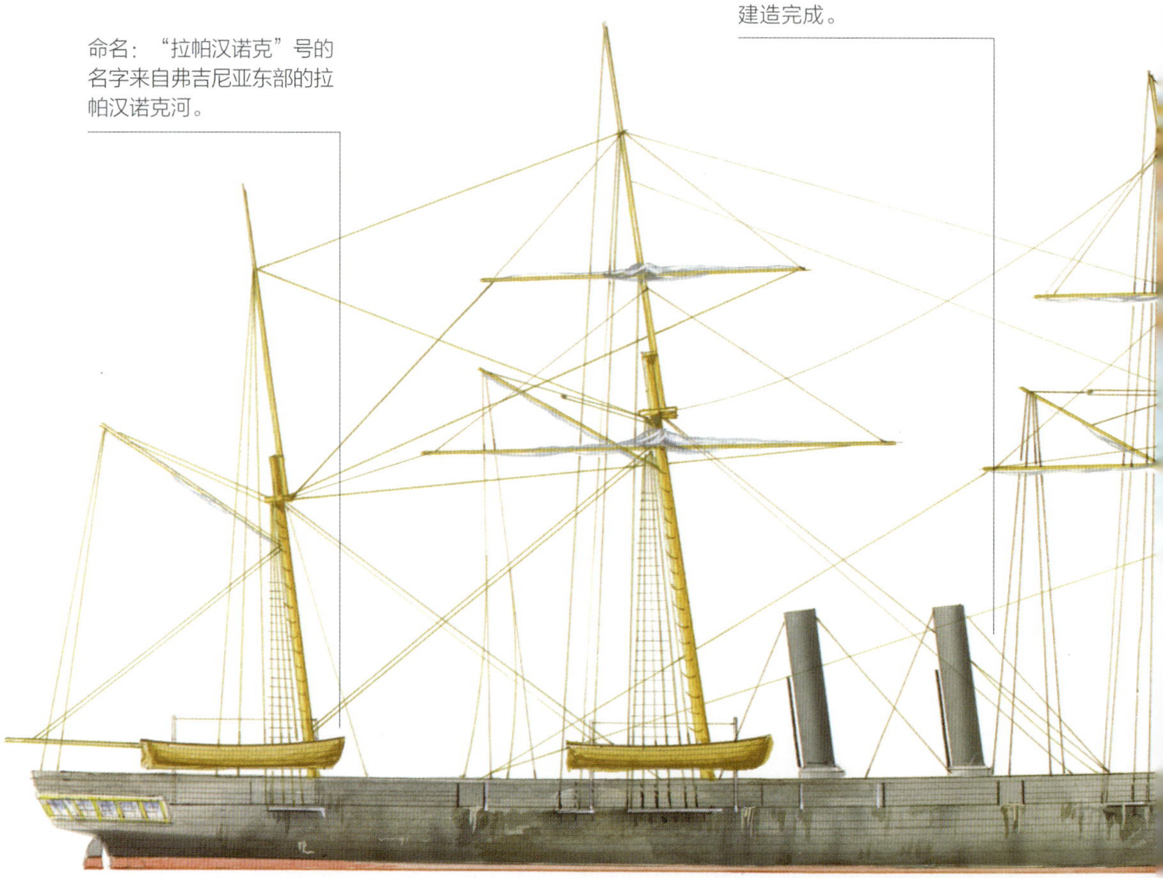

邦联海军"拉帕汉诺克"号（1863）

"拉帕汉诺克"号原本是一艘蒸汽轮船，命名为"胜利"号，于 1857 年在泰晤士河为英国政府建造完成。尽管它有令人印象深刻的表现，但是它也有许多缺陷。尽管如此，邦联海军指挥官马修·莫里仍然于 1863 年 11 月 13 日购买了该舰，并由中尉查尔斯·方特勒罗指挥。

一位当代学者描述它为"机械梦魇"。事实上，刚出泰晤士河口该舰的轴承就烧毁了，它不得不去法国加来进行改装。法国当局最初想扣留该舰，但最终还是决定让它离开，不过只有 35 名船员而不是它最初抵达时候的 100 名军官和船员。

"拉帕汉诺克"号是木制船体，但其他特征看起来似乎是一艘比"佐治亚"号装备更好的舰船，后者是莫里收购的另一艘舰船。事实上，莫里打

邦联海军“冷风”号

算把“佐治亚”号的武器装备转移到“拉帕汉诺克”号上，但此次转移没有起到效果。它仍然是一个小型的浮动仓库。被方特勒罗称为“邦联白象”的舰船最终在邦联海军控制下未能在海上航行，后来在战争结束时又移交给了联邦政府。

邦联海军“冷风”号（1863）

“冷风”号是一艘 1863 年在苏格兰格拉斯哥的杰姆斯和乔治 · 汤姆逊造船厂为邦联政府建造的铁木混合的商船。该船与“亚拉巴马”号类似。中尉乔治 · 辛克莱监管该舰的建造工作，该舰常常被称为“辛克莱的船”。

它使用多个名称的原因是英国当局声称执行中立法律，该舰只能努力隐藏自己的真实身份。联邦一直努力获得更多的同情者来遏制英国对南部邦联政府的支持。“冷风”号于 11 月 3 日在克莱德河下水，但是在 11 月 30 日左右服役之前改名为“得克萨斯”号。

“拉帕汉诺克”号技术参数：

排水量：777 吨

主尺度：61 米 ×9.25 米 ×4.42 米

武器装备：
一门 178 毫米 110 磅后膛炮；一门 40 磅后膛炮；四门 20 磅后膛炮

机械装备：
双缸、水平布置、单胀蒸汽机，单螺旋桨推进

航速：11.6 节

船员定额：100 人

邦联海军“奇卡莫加”号（1864）

“奇卡莫加”号原是封锁线穿越战舰“伊迪丝”号，由邦联海军于1864年在北卡罗来纳州的威尔明顿买下。虽然陆军试图将其用作兵员及补给运输舰，但在当年10月28日投入使用时，它其实是作为商船袭击舰使用的。

“奇卡莫加”号的船长是约翰·威尔金森上尉，他一开始对该船的性能抱着质疑态度，他发现：“这艘船比大多数的封锁线穿越战舰建得要好，而且很快捷，但总体来说它作为巡洋舰不太适合，因为一旦所需的燃煤用光了，它便不能航行了。”“奇卡莫加”号服役期虽然短，却战果卓著。

“奇卡莫加”号在穿越威尔明顿封锁线后的头五天，就斩获了六个战利品。到11月5日，它

又两度取得战果，直到暴怒的联邦海军部长希德翁·韦尔斯下令，让九艘军舰去搜捕那些在大西洋沿海横冲直撞的邦联袭击舰，这其中就包括“奇卡莫加”号。不过它成功地逃出了联邦海军的封锁圈，来到百慕大的圣乔治。在这里有 65 名船员弃船而逃，可是当地政府拒绝为威尔金森提供新的船员。

在人员极其短缺的情况下，威尔金森开始向威尔明顿返航，但是由于大雾，他的领航员迷失了方向，威尔金森凭一己之力，在 11 月 19 日将“奇卡莫加”号开过了封锁线。他在费舍尔要塞作短暂停留的时候，联邦海军把“奇卡莫加”号看成了搁浅的封锁线穿越战舰，于是发动了袭击。威尔金森亦奋力反击，在费舍尔要塞友军的帮助下，他得以将船安全驶入费尔角河。

新任务

在 12 月 24 日到 25 日，费舍尔要塞的第一次战斗中，“奇卡莫加”号的船员们使用了一组布鲁克线膛炮射击，它们是从沉没的战船“罗纳克”号上抢救出来的，这些火炮对要塞上的炮手们来说算是新鲜事物了。在战斗中，“奇卡莫加”号承担了运输火药的任务。两次战役之间，“奇卡莫加”号还炮击了在克雷格兰拦截邦联补给舰“艾萨克·韦尔斯”号的联邦士兵。袭击打乱了敌军的阵营，但也击沉了友军的战舰。1865 年 1 月 15 日的第二次战役，“奇卡莫加”号同样也参与了，它负责炮击联邦军队。战败后，邦联军队在 2 月 21 日弃守了威尔明顿。“奇卡莫加”号沿着费尔角河撤到了印第安纳韦尔斯，然后被船员们付之一炬。

技术参数：

排水量： 532 吨

主尺度： 未知

武器装备： 一门 12 磅炮；一门 32 磅炮；一门 64 磅炮

机械装备： 蒸汽机

航速： 未知

船员定额： 150 人

邦联海军“谢南多厄”号（1864）

“谢南多厄”号是一艘 1052 吨的蒸汽机螺旋桨辅助动力巡洋舰，由邦联海军代表詹姆斯·布洛克从英国购得。该船 1863 年 8 月从苏格兰格拉斯哥起航的时候，还是民用船“海洋之王”号。1864 年 9 月，邦联海军秘密购买了这艘船。它在 1864 年 10 月正式投入使用，并谎称因商业目的前往印度。

然而，它实际上是去了马德拉附近的海域与另一艘船接头，这艘船上载有邦联海军军官、部分船员、重炮及其他装备，以便将“海洋之王”改造成一艘军舰。詹姆斯 · 沃德尔上尉监督指挥了这一工程，1864 年 10 月 19 日，该船作为“谢南多厄”号开始服役后，他成了这艘船的指挥官。

沃德尔指挥着“谢南多厄”号穿越南太平洋，进入印度洋。到1864年年底，它一共抓捕了九艘联邦商船，除了其中的两艘，剩下的都被它凿沉或烧毁了。1865年1月底，“谢南多厄”号抵达澳大利亚墨尔本，接受整修维护，加载补给，并增加了40名船员。在港口停留三周后，“谢南多厄”号重返大洋。

沃德尔最初计划袭击联邦在南太平洋的捕鲸船队，但是没找到合适的目标。于是，便开往北太平洋，4月初，沃德尔在东加罗林群岛抓获了4艘联邦商船。他用商船上的物资补给了“谢南多厄”号，内战结束的时候，他正往北方去。因为他不知道南方战败的消息，所以他仍继续自己的使命。1865年6月22日到28日，“谢南多厄”号又抓获了24艘商船。接着，沃德尔筹划前往旧金山和加利福尼亚，他觉得这两个地方容易攻克。

向英国投降

1865年8月2日，沃德尔遇到了一艘英国船，这艘船不到两个周前刚从旧金山离开。船上的人告诉他战争结束了。沃德尔卸掉了船上的武器装备，把船开往了英国。“谢南多厄”号在9月中旬绕过了合恩角，11月初到了利物浦。沃德尔这才撤下了邦联旗帜，把船献给了英国皇家海军。

在“谢南多厄”号辉煌的服役生涯中，它抓捕或捣毁船只36艘，总价值140万美元。它是唯一完成了全球航行的邦联海军船只。1866年，它被转卖给桑给巴尔的苏丹，并更名为“马吉德”号。

技术参数：

排水量： 1052吨

主尺度： 70米尺 ×9.9米 ×6.25米

武器装备：
四门203毫米滑膛炮；两门32磅炮；两门12磅惠氏线膛炮

机械装备： 直径4.3米的铜制螺旋桨

航速： 16节

船员定额： 109人

邦联海军“塔拉哈西”号（1864）

“塔拉哈西”号原是封锁线穿越战舰“亚特兰大”号，由英国米尔沃尔的 J.&W. 德贞公司在 1863 年建造。它曾几次穿越北卡罗来纳州威尔明顿的封锁线，后来约翰·泰勒·伍德注意到了这艘船，并把它推荐给了斯蒂芬·马洛里，将它作为商船袭击舰使用。

马洛里批准将这艘船买下，并给它配备了大炮和约 100 名船员，这些船员都是从詹姆斯河和北卡罗来纳州的邦联战船上抽调过来的。它在 1864 年 7 月 20 日被更名为“塔拉哈西”号，船长是伍德。

伍德在 8 月 6 日开船穿越了封锁线，并开始了长达 19 天的商船袭击作战，严重扰乱了大西洋沿岸的联邦船运，甚至还波及北边加拿大的哈利法克斯。船长泰勒把袭击的重点放在了纽约附近的海域，他希望能以此激起北方民众的反战情绪，

新名字

虽然“塔拉哈西”号功绩卓著，但它袭击商船的举动引起了联邦对威尔明顿的注意，并导致了对此地更加严厉的封锁，也让这里更容易遭受袭击。鉴于这一担忧，“塔拉哈西”号更名为“奥拉斯蒂”号，并归到了原海军军官威廉·沃德上尉的军中。该船于 10 月 29 日再次穿越威尔明顿的封锁线，并再一次被联邦军炮火击伤。它在特拉华州的海岸附近抓获并捣毁了 6 艘船，然后因燃煤短缺而返航。

“奥拉斯蒂”号后来又改叫“变色龙”号，由约翰·威尔金森上尉担任指挥官。它在 12 月 24 日穿越封锁线，去往百慕大。船上装满补给后，无法再次进入邦联的港口，于是威尔金森改道开往英国，于 1865 年 4 月 9 日抵达利物浦。“变色龙”号被英国当局接收，后来又应美国政府的要求归还。

此类情绪已经有萌芽的态势，并引发了反征兵的血腥暴乱。

保险承保人们开始纷纷给希德翁·韦尔斯海军部长施加压力，要求其保护他们的利益。纽约承保人委员会主席约翰·琼斯乞求道：“请你采取点必要措施吧，来保护商船不被‘塔拉哈西’抓到。”至 8 月 15 日，韦尔斯一共派出了 16 艘船去追捕“塔拉哈西”号，但它逃过了追捕，进入了汪洋大海。伍德本以为哈利法克斯政府会欢迎他，结果事与愿违，为了给船加煤，他不得不在 8 月 26 日返回威尔明顿。在这次短暂却惊心动魄的航行中，伍德捣毁了 26 艘船，还抓获了其他 7 艘船。

技术参数：

排水量： 约 454 吨

主尺度： 67 米 ×7.3 米 ×4.3 米

武器装备：
一门 84 磅炮；两门 24 磅炮；两门 32 磅炮

机械装备：
两台 74.5 千瓦蒸汽机；两个螺旋桨；桅杆和船帆

航速： 17 节

船员定额： 120 人

巡洋舰

联邦海军“萨斯奎汉纳”号（1850）

“萨斯奎汉纳”号从 1850 年 12 月 24 日开始服役，指挥官是约翰 · 奥列克上校。内战以前，它参与了马修 · 佩里准将的著名远航，于 1853 年到达日本东京。内战爆发时，它正在意大利的拉斯佩齐亚。“萨斯奎汉纳”号从那里启航，1861 年 6 月 6 日抵达波士顿，后来它被分配到大西洋封锁舰队，然后开往汉普顿港。

“萨斯奎汉纳”号参与了 1861 年 8 月对北卡罗来纳州哈特勒斯湾的袭击。它捕获了两艘英国纵帆船“探险者”号和“阿弗莱德王子”号。1861 年 9 月，它又抓获了两艘邦联帆船“圣胡安”号和“巴尔的摩”号。后来在 11 月份，“萨斯奎汉纳”号还协助塞缪尔 · 杜邦上将占领了南卡罗

来纳州的罗亚尔港。从此，“萨斯奎汉纳”号开始在查尔斯顿独立执行封锁任务，1862 年 4 月 3 日，它捕获了英国船 Coquette 号。

为了增强北大西洋封锁舰队的实力，支持乔治 · 麦克莱伦少将的宾夕法尼亚战役，“萨斯奎汉纳”号受命于 1862 年 4 月 27 日前往汉普顿港。它还参与了 5 月 8 日对邦联军的炮击，攻打斯威尔舰队在弗吉尼亚的据点。当月，“萨斯奎汉纳”号被派去了西部海湾的封锁舰队。6 月 11 日，在去新战区的路上，它还抓获了纵帆船“普林斯顿”号。后来，与“卡诺瓦”号合作，“萨斯奎汉纳”号在 6 月 29 日抓获了企图驶入莫比尔湾的英国汽船“安妮”号。从此，“萨斯奎汉纳”号一直在墨西哥湾执行任务，直到 1863 年春天奉命前往纽约进行整修。航行中的 4 月 18 日，它还在佛罗里达沿岸抓到了帆船“阿拉巴马”号。

勇气的奖励

“萨斯奎汉纳”号于 1864 年 7 月 20 日再次被征用，这次它被分到了北大西洋封锁舰队，在这里它参与袭击了费舍尔要塞和北卡罗来纳州的战斗。在第二次攻击中，新船员亨利 · 韦伯斯特获得了“荣誉勋章”。他的部分表彰词如下：“敌军的炮火阻碍了我们的部队攻入要塞的步伐，超过三分之二的士兵撤回到了岸边，而韦伯斯特作为一个新兵，顶着战火，主动守护在受伤的将领身边，直到援兵把他救回后方。”

内战结束后，“萨斯奎汉纳”号担当过北大西洋舰队和西印度群岛舰队的旗舰。1868 年 1 月 14 日，它在纽约海军船厂退役，1883 年，它被当作废品售出。

技术参数：

排水量： 3469 吨

主尺度： 78 米 ×14 米 ×6.25 米

武器装备： 12 门 203 毫米炮；六门 32 磅炮（1851 年）

机械装备： 两台斜置式直接传动发动机驱动舷侧明轮

航速： 最大航速 12.5 节

船员定额： 300 人

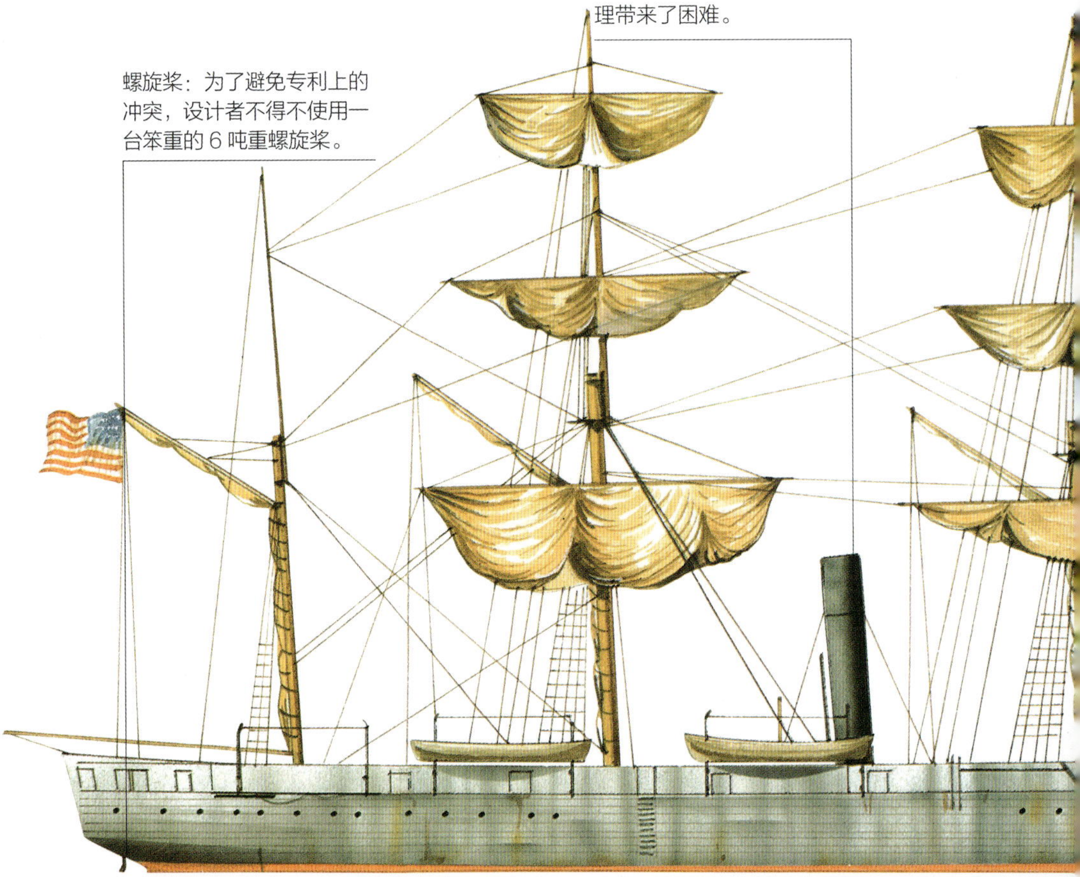

联邦海军“圣哈辛托”号（1851）

作为海军早期的螺旋桨军舰之一，“圣哈辛托”号的服役生涯始于 1851 年前后。内战开始之前，它在非洲的西海岸执行任务，帮助抵制奴隶贸易。1860 年 8 月 8 日，它在刚果河入海口抓获了双桅船“风暴之王”号，把船上装的 616 名黑人交给了美国蒙罗维亚当地殖民政府，这些非洲人本来是要被运去做奴隶的。

1861 年 8 月 27 日，查尔斯 · 威尔克斯上校开始担任“圣哈辛托”号的指挥官。在返回美国的途中，“圣哈辛托”号加入了搜捕邦联巡洋舰“萨姆特”号的行动，该船长期在大西洋袭击联邦船只。威尔克斯没能找到“萨姆特”号，但在古巴的西恩富戈斯靠岸加煤的时候，他得知邦

武器装备：1862 年，船上配备有一门 279 毫米的达尔格伦滑膛炮和十门 228 毫米滑膛炮。

联政府派往英国的特使詹姆斯 · 曼森和派往法国的特使约翰 · 斯莱德尔乘坐“西奥多”号，在 10 月 12 日穿越了南卡罗来纳州查尔斯顿的封锁线，前往哈瓦那，等着乘船回欧洲。

“特伦特事件”

威尔克斯没能在“西奥多”号离开古巴之前把它拦下，不过他听说曼森和斯莱德尔仍留在哈瓦那，打算在一周后，乘坐英国邮船“特伦特”号去圣托马斯，好去往他们航程的下一站。威尔克斯于是将船开到了一处狭窄水域，在这里他可以拦截“特伦特”号，然后他就等在那里。“特伦特”号在 11 月 7 日出发，第二天威尔克斯向“特伦特”号连开两炮，然后他派了一个登船小分队，抓住了曼森和斯莱德尔。威尔克斯随后放“特伦特”号回到海上，然后把那两人带去了波士顿。

虽然威尔克斯这次是擅自执行任务，但在北方的大多数社交圈子里，他还是很快地成了人们交口称誉的英雄。威尔克斯在国际上也引起了轰动，因为英国觉得他的举动是对本国在海上的中立地位和自由的公然挑衅，也是对自己这个超级大国的侮辱。接踵而至的“特伦特事件”所带来的危机，险些让欧洲也加入到对联邦作战中来。

内战剩下的时间里，“圣哈辛托”号依然发挥了作用，但绝对没有“特伦特事件”那样举世轰动了。它主要是执行封锁任务或抓捕商船袭击舰。还经常担当旗舰。由于船上爆发了黄热病，它被隔离过两回，还经历了几次大修。1865 年 1 月 1 日，它在大阿巴科岛附近触礁，船里进满了水。船上的武器被抢救了出来，但是船本身却没能幸免于难。

技术参数：

排水量： 1950 吨

主尺度： 71 米 ×11.51 米 ×5.03 米

武器装备：
一门 279 毫米滑膛炮；十门 228 毫米滑膛炮

机械装备： 蒸汽机动力；螺旋桨推进

航速： 未知

船员定额： 235 人

联邦海军“波瓦坦”号（1852）

“波瓦坦”号于 1850 年 2 月 14 日在诺福克海军船厂下水，从 1852 年 9 月 2 日开始服役，船长是威廉 · 莫文上校。内战爆发之前，“波瓦坦”号一直处于活跃状态，1854 年 3 月 31 日，马修 · 佩里准将在东京跟日本签署商业协议的时候，“波瓦坦”号还担当了旗舰。

内战开始后，“波瓦坦”号从韦拉克鲁斯回到了美国，刚开始，它被选中加入远征部队，去解救被围困在南卡罗来纳州萨姆特要塞的罗伯特 · 安德森少校。但是它被别的任务耽误了，结果整个船队为了等待与它会合，延迟了航程，而且因为没有了“波瓦坦”号的助力，救援船队的整体战斗力下降了。后来“波瓦坦”号又被派去了佛罗里达州的皮肯斯要塞，这座要塞跟萨姆特

武器装备：1861 年，船上配备有一门 279 毫米的达尔格伦滑膛炮，十门 228 毫米的达尔格伦滑膛炮，以及一些小型武器。

一样，仍由联邦军占据，虽然佛罗里达州已经退出了联邦。

4 月 20 日，在上尉大卫 · 波特的指挥下，“波瓦坦”号到达彭萨科拉附近水域。好胜的波特想要强攻港口，并占领邦联在内陆的工厂，于一天前刚刚到达此地的陆军上尉蒙哥马利 · 梅格斯建议他谨慎行事。受挫的波特指挥着“波瓦坦”号到了执行守卫任务的地点，搜查来往船只，并等待机会一展抱负。

移动的封锁线

联邦军在皮肯斯要塞站稳脚跟后，波特便驾驶着“波瓦坦”号去莫比尔湾和密西西比附近开展封锁作战。5 月 29 日，它捕获了纵帆船“玛丽 · 克林顿”号，8 月 15 日，它又抓获了帆船“艾比 · 布拉福德”号。8 月底到 10 月，它参与了追捕“萨姆特”号的行动，几乎走遍了西印度群岛，不过还是没有抓到。

1862 年 10 月到 1863 年 8 月，“波瓦坦”号一直在南卡罗来纳州的查尔斯顿附近执行任务，其间，它在 4 月 19 日捕获了纵帆船“E. 威利斯少校”号，在 5 月 16 日捕获了单桅帆船“C. Routereau”号。后来“波瓦坦”号返回了西印度群岛，在 1863 年 11 月到 1864 年 9 月之间，充当詹姆斯 · 拉德纳上将的旗舰。它还参加了 1864 年 12 月 24 日到 25 日和 1865 年 1 月 13 日到 15 日发动的对北卡罗来纳州费舍尔要塞的两次袭击。

战后，“波瓦坦”号继续服役，还给由上将约翰 · 达尔格伦领导的国家舰队做过旗舰。1886 年，“波瓦坦”号退役。

技术参数：

排水量： 3416 吨

主尺度： 77.32 米 ×14 米 ×5.64 米

武器装备：
一门 279 毫米滑膛炮；十门 228 毫米滑膛炮；四门 12 磅炮

机械装备： 两台斜置式直接传动发动机驱动舷侧明轮

航速： 11 节

船员定额： 300 人

联邦海军“布鲁克林”号(1859)

“布鲁克林”号 1859 年 1 月 26 日开始服役，指挥官是大卫 · 法拉格特上校。内战爆发之前，“布鲁克林”号在墨西哥，支持美国的殖民事业。1860 年 10 月 20 日，威廉 · 沃克上校替换法拉格特作为“布鲁克林”号的指挥官。

1861 年 2 月，“布鲁克林”号帮助联邦军占领了佛罗里达的皮肯斯要塞，然后沿着墨西哥湾海岸向西，参与组建密西西比河口封锁线。它在阿拉尤特口岸和西南口岸协助抓获了一批船只，但是商船袭击舰“萨姆特”号在 6 月 30 日成功逃脱了它的追捕。因为船体需要维修，“布鲁克林”号在秋末开去了北部，后来在费城海军船厂被宣布停用。

它再次开始服役是在 1861 年 12 月 19 日，指挥官是托马斯 · 克雷文上校。1862 年 2 月 2 日，

螺旋桨：船上装有一台双叶可升降螺旋桨，抬升后可降低阻力。

“布鲁克林”号回到了阿拉尤特口岸，2 月 19 日，它抓获了汽船“木兰花”号，该船正要将 1200 包棉花偷运出海。4 月 24 日，法拉格特对新奥尔良发动攻击，“布鲁克林”号发挥了积极作用，它冒着邦联要塞的炮火，抵挡了撞击舰“马纳萨斯”号和一艘火攻船的袭击。8 名船员在战役中牺牲，21 人受了伤。战后，它申请了一块 7.3 米长的厚木板来遮盖“马纳萨斯”号在它外壳上撞出来的长口子。

攻击唐纳斯威尔

法拉格特在 6 月 28 日驾船沿密西西比河而上，执行他的第二次任务，但因为友船的阻挡，“布鲁克林”号没能通过维克斯堡。7 月 2 日，亨利 · 贝尔上校代替了克雷文的船长之职，8 月，“布鲁克林”号参与了攻击路易斯安那州唐纳斯威尔的任务。后来，它又到彭萨科拉去进一步修缮新奥尔良之战带来的损伤。维修结束后，在 1862 年剩下的时间里，“布鲁克林”号都在莫比尔湾执行封锁任务。

1863 年 1 月，邦联军重新占领了得克萨斯州的加尔维斯敦，“布鲁克林”号协助联邦重建了对此地的封锁线，虽然加尔维斯敦仍在邦联军的控制之下，法拉格特还是把贝尔派去了那里。8 月 10 日，“布鲁克林”号来到纽约海军船厂接受维修，1864 年 4 月 14 日再次投入使用，詹姆斯 · 奥尔登担任指挥官。它重新加入了莫比尔湾舰队，并在 8 月 5 日参与了法拉格特发动的进攻，在此次惨烈战斗中，54 名船员牺牲，43 名船员受伤。

9 月 6 日，“布鲁克林”号驶离了莫比尔湾，前往汉普顿港，在北大西洋封锁舰队服役。它参与了对费舍尔要塞和北卡罗来纳州的攻击，1865 年 1 月 31 日，它在纽约海军船厂退役。

技术参数：

排水量： 2297 吨

主尺度： 71 米 ×13 米 ×4.95 米

武器装备：
一门 100 磅滑膛炮；一门 30 磅帕罗特炮；20 门 228 毫米达尔格伦滑膛炮（1861 年）

机械装备： 两台水平布置冷凝式十字头蒸汽机驱动一台单螺旋桨

航速： 11.5 节

船员定额： 335 人

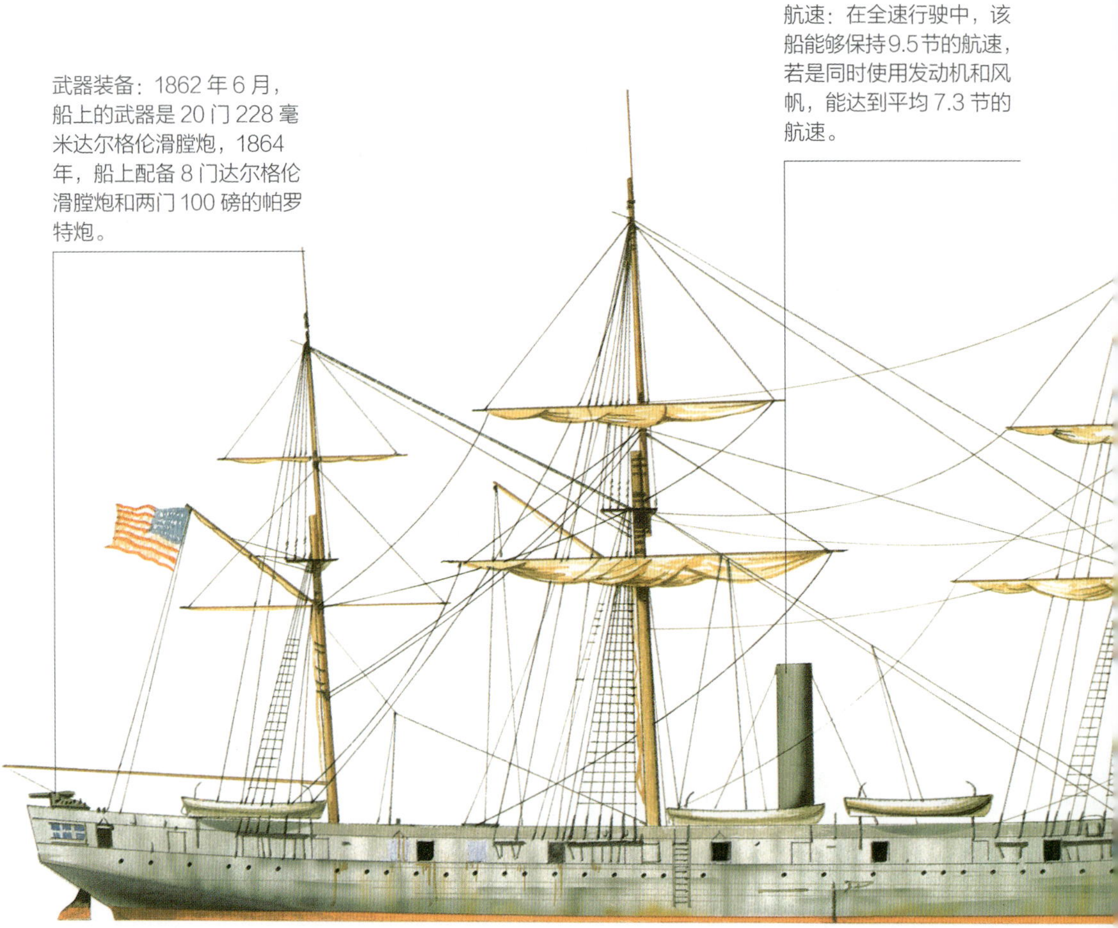

联邦海军“哈特福德”号（1859）

“哈特福德”号于1858年11月22日建成下水，1859年5月27日开始服役，船长是查尔斯·朗兹上校。内战爆发时，它正在远东执行任务。它受命调回国，成了西部海湾封锁舰队指挥官大卫·法拉格特上将的旗舰。

1861年4月24日，法拉格特驾驶着“哈特福德”号，在新奥尔良创造了辉煌战绩，他躲过了铁甲舰“马纳萨斯”号的袭击。法拉格特随即指挥“哈特福德”号沿密西西比河而上，想要攻下邦联军的要塞维克斯堡，但后来他发现，没有陆军的配合，攻击不可能成功。

法拉格特回到了密西西比河下游，1863年3月14日，他带领七艘船，试图突破邦联军在路易

索具：在后期，船上重新挂了索具，成了三桅船，还安装了新的发动机，并用作教练船。

斯安那州哈得孙港的森严防守。只有“哈特福德”号和“信天翁”号成功通过，这两艘船占据了红河河口，但是哈得孙港的邦联守军坚守不退。此后，“哈特福德”号和它的姊妹船开始在哈得孙港和维克斯堡之间巡逻，协助联邦军将密西西比河两岸的邦联控制区隔离开来。

1863 年 7 月 4 日，联邦军在维克斯堡取胜之后，法拉格特把目光转向了莫比尔湾。1864 年 8 月 5 日，法拉格特发动了对莫比尔湾的袭击，他的领航船“特库姆塞”号撞上了水雷而迅速沉没，眼看就要破坏他的整个作战计划。63 岁高龄的法拉格特，身手矫健地爬上了“哈特福德”号主桅的绳索，看清楚了整个形势。法拉格特清楚战斗已经到了关键时刻，他知道该怎么做。“我来带头上”，他说出了自己的名言。“别管该死的水雷！全速前进。”听到命令，“哈特福德”号急转驶向海港，顶着旁边“梅塔科米特”号的炮火，带领联邦舰队穿过水雷区，攻入了莫比尔湾。

来之不易的胜利

铁甲舰“马纳萨斯”号曾孤注一掷，猛轰联邦舰队，致使“拉克万纳”号不小心撞到了“哈特福德”号，在“马纳萨斯”号被迫投降之前，法拉格特本人的安全几度受到威胁。法拉格特把莫比尔湾战役看成他一生中最得来不易的胜利，他在报告中说，“哈特福德”号受损严重。

12 月 13 日，“哈特福德”号来到了纽约，一周后停用，进行维修。维修完成后，一直到内战结束后的很长的时间里，它仍在太平洋及其他地区服役，直到 1926 年 8 月 20 日正式退役。

技术参数：

排水量： 2631 吨

主尺度： 69 米 ×13 米 ×5.23 米

武器装备：
20 门 228 毫米滑膛炮；两门 20 磅线膛炮；两门 12 磅线膛炮

机械装备：
两台水平布置双缸蒸汽机驱动一个单螺旋桨

航速： 最大航速 13.5 节

船员定额： 310 人

武器装备：1863 年，船上配备有一门 50 磅达尔格伦炮，两门 279 毫米达尔格伦滑膛炮，以及四门 32 磅炮。

联邦海军“易洛魁”号（1859）

“易洛魁”号于 1859 年 11 月 24 日开始服役，船长是中校 J. S. 帕尔默。内战之前，“易洛魁”号在地中海执行任务，观察意大利的局势。1861 年 6 月 15 日，它抵达纽约，然后马上就被派去了加勒比海地区，搜捕邦联军的商船袭击舰。

“易洛魁”号在马提尼克岛发现了停泊在港口的邦联军舰“萨姆特”号。但是 11 月 23 日，这艘船在法国政府的帮助下，偷偷驶出了海港，继续干扰联邦的航运。“易洛魁”号继续在加勒比地区巡逻，它曾拦下了英国的单桅船“里纳尔多”号，船上有南方邦联的官员，“易洛魁”号允许

索具：“易洛魁”号虽为单桅汽船，但船上挂着三桅船的索具。

船速：“易洛魁”号的最大航速为 11.5 节，不过她平时的航速一般是 8 节。

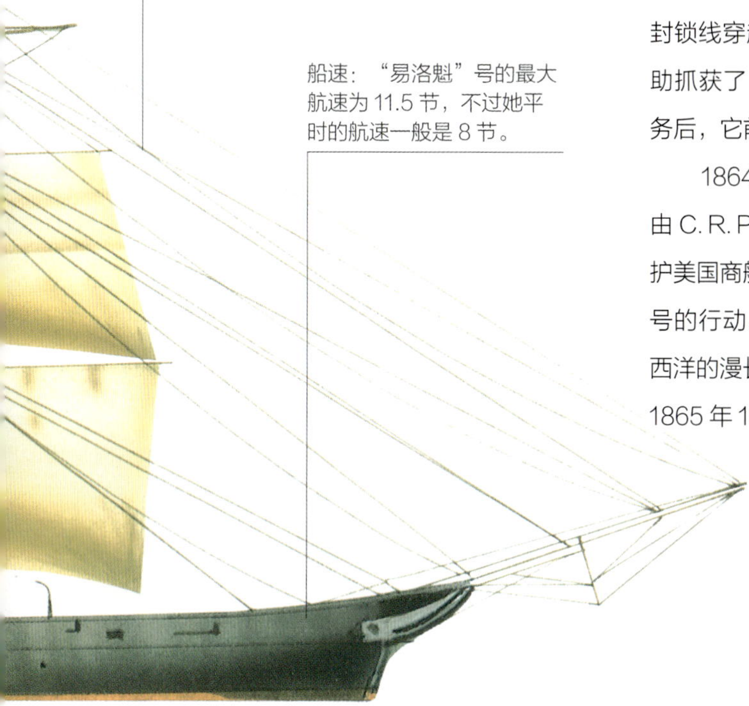

他们继续航行，不过要在它的监视之下。

1862 年 4 月 24 日，“易洛魁”号参加了对新奥尔良的袭击，然后沿密西西比河而上，5 月 8 日，它在那里接受了“巴吞鲁日”号的投降。5 月 13 日，在“奥奈达”的帮助下，它占领了纳齐兹。6 月 28 日，它驶过了维克斯堡的炮台防线，在此次军事行动中毫发未损。此后直到 7 月底，“易洛魁”号依然留在维克斯堡，参与对邦联军的炮击，还帮着为联邦军通过周围区域的沼泽地做准备工作。后来它回到墨西哥湾继续执行封锁任务，但船上的发动机出了故障。10 月 2 日，“易洛魁”号驶往纽约接受维修。

封锁任务

1863 年 1 月 8 日，“易洛魁”号恢复服役，这时的船长是亨利 · 罗兰，它在北卡罗来纳加入了北大西洋封锁舰队。7 月 24 日，它在此抓获了封锁线穿越船“梅里马克”号，12 天后，它又帮助抓获了“凯特”号。接着执行了几个月封锁任务后，它前往巴尔的摩接受维修。

1864 年 3 月 31 日，“易洛魁”号再次恢复服役，由 C. R. P. 罗杰斯中校担任船长。它到了地中海保护美国商船，并参与了搜捕商船袭击舰“谢南多厄”号的行动。后来，在经历了环绕南美洲，穿越大西洋的漫长航程后，它于 1865 年 5 月到达新加坡。1865 年 10 月 6 日，“易洛魁”号退役。

技术参数：

排水量：1350 吨

主尺度：60.63 米 ×10.31 米 ×4.22 米

武器装备：
一门 50 磅达尔格伦炮，两门 279 毫米达尔格伦滑膛炮
四门 32 磅炮

机械装备：两台水平布置发动机驱动一个单螺旋桨

航速：最大 11.5 节

船员定额：123 人

联邦海军“里士满”号（1860）

“里士满”号是一艘木质的单桅纵帆蒸汽机军舰，在 1860 年 1 月 26 日下水，船长是 D. N. 英格拉哈姆上校。它在内战时期的第一次任务是一起去搜捕“萨姆特”号，但任务以失败告终。后来，它加入了海湾封锁舰队，1861 年 10 月 12 日，“里士满”号在密西西比河入海口的总关卡执行任务时，由于邦联的突然袭击，它和它的姊妹船被迫分开战斗。

战斗中，“马纳萨斯”号撞击了“里士满”号，在它船身侧面弄出了一个洞。“里士满”号被送回纽约海军船厂维修，1862 年 4 月 24 日，大卫 · 法拉格特上将成功袭击新奥尔良的时候，“里士满”号正好赶上回来参战。

“里士满”号在沿密西西比河而上的时候，还

吃水：船的吃水很深，有5.32米，所以限制了它在近海水域的航行。

参加了巴吞鲁日、纳齐兹和维克斯堡的军事行动。7月15日在维克斯堡，撞击舰“阿肯色”号经过联邦舰队附近水域时，“里士满”号成功地俘获到了它。1863年3月13日，法拉格特舰队里的部分船只在试图通过邦联设在路易斯安那州哈得孙港的防御工事时失败，其中也包括“里士满”号。船上的指挥官安德鲁 · 卡明斯中校在此次行动中受了致命伤，而且“里士满”号被一发42磅的炮弹击中，船上的蒸汽管道破裂，泄漏的蒸汽充满了发动机舱和居住舱。

7月4日，维克斯堡投降，“里士满”号和其他停在哈得孙港下游的舰艇一起，协助联邦陆军占领了邦联军在这里的坚固堡垒，彻底打通了密西西比河航路。7月30日，亟需全面检修的“里士满”号开往纽约海军船厂。检修完成后，它在1863年10月12日前往南部亚拉巴马州，参与对莫比尔的封锁。1864年8月5日，“里士满”号参加了法拉格特对此地发动的攻击。战斗中，它只受了轻微损伤，船上也没有人员伤亡，由于它和其他舰艇的猛烈炮击，摩根要塞的守军不得不在8月23日投降。

守卫任务

1865年4月23日，撞击舰“韦布”号沿着红河冲到密西西比河下游，企图逃逸到海上，当时“里士满”号正在密西西比河的东北关卡执勤。守卫着密西西比河进入墨西哥湾的入口，“里士满”号协助别的船把“韦布”号逼到了岸边搁浅。6月27日，“里士满”号离开了新奥尔良，7月14日，它在波士顿退役。

技术参数：

排水量： 2449吨

主尺度： 69米×13.0米×5.32米

武器装备：
一门80磅的达尔格伦炮；20门228毫米达尔格伦滑膛炮；一门30磅帕罗特炮

机械装备： 单缸发动机直接驱动一个单螺旋桨

航速： 9.5节

船员定额： 260人

联邦海军“奇尔沙治”号（1862）

“奇尔沙治”号自1862年1月24日开始服役，船长是查尔斯 · 皮克林上校。不久后，它就去了直布罗陀，跟其他几艘船一起执行抓捕“萨姆特”号的任务，直到后来，邦联军不得不把“萨姆特”号卖掉。不过，“萨姆特”号的船长拉斐尔 · 塞姆斯很快就征用了商船袭击舰“阿拉巴马”号，他和“奇尔沙治”号之间的历史性对决很快就上演了。

在约翰 · 温斯洛上校的带领下，“奇尔沙治”号在1864年6月14日发现了停泊在法国瑟堡港的“阿拉巴马”号。它守在海港的入口，直到6月19日“阿拉巴马”号离港。因为知道法国是中立的，所以它等到“阿拉巴马”号驶出了法国领海才跟这艘邦联军舰正面交锋。事实上，法国的铁甲舰“库罗纳”号一直在附近观战，确保他们不侵犯法国水域。

船体：船失事后，人们点燃了它的外壳来获取船身上的铜皮。

舰艇交锋

“奇尔沙治”号靠近后，“阿拉巴马”号先开了火。两艘船于是开始朝着不同的方向转圈，寻找有利的位置。这两艘船的实力其实并不对等，“奇尔沙治”号上的重要部位都由链索保护，而且“阿拉巴马”号上的火药和炮弹都已经发霉了。不过，“阿拉巴马”号最大的问题还是火力不足。它的炮火大多都没给“奇尔沙治”号造成损害，要么是打在了它的绳索上，要么是只击中了船身较高的位置。战斗进行了一个小时后，“奇尔沙治”号击沉了“阿拉巴马”号。船上的大部分邦联士兵都被“奇尔沙治”号救了上来，但包括塞姆斯在内的41人逃到了英国快艇“猎鹿犬”号上。关于“猎鹿犬”号来支援邦联海军这件事是不是提前安排好的，人们争论不休。

“奇尔沙治”号和“阿拉巴马”号这场战斗的一个作用是，它标志了木制舰艇时代的结束。这是主要海军之间用木制舰艇进行的最后一次重大海战。

后来，“奇尔沙治”号沿着法国海岸搜捕“佛罗里达”号，不过没有成功。它随后又去了加勒比海，然后回波士顿接受维修。在1865年4月1日恢复服役后，它又去西班牙沿海拦截“斯托恩沃”号，不过还是没能成功。

战后，“奇尔沙治”号不凡的服役生涯依然在继续，直到1894年2月2日它在中美洲附近的龙卡多尔礁失事。

技术参数：

排水量： 1406吨

主尺度： 60.4米×10.26米×4.34米

武器装备：
两门279毫米滑膛炮；一门28磅炮；四门32磅炮

机械装备： 水平布置发动机驱动一个单螺旋桨

航速： 11节

船员定额： 160人

联邦海军“范德比尔特”号（1862）

“范德比尔特”号建于1856年到1857年之间，开始是一艘跨大西洋的客邮两用汽船，还是科尼利厄斯·范德比尔特的北大西洋邮轮公司的旗舰。内战爆发后不久，范德比尔特就把这艘船赠给了联邦陆军，他还建议用水泥浇筑船头，并用铁板加固船体，这样这艘船就可以当撞击舰来用了。

范德比尔特的建议没有被采纳，1862年3月24日，“范德比尔特”号被移交给海军，在纽约海军船厂，装上了一组重炮，共15门。11月10日，它离开了纽约，搜寻了商船袭击舰“阿拉巴马”号没几天，就在1863年1月17日开往了汉普顿港。

不久以后，“范德比尔特”号接到命令，重新开始了搜捕“阿拉巴马”号的航程，这次行动持续了一年之久。这期间，它到过西印度群岛、

设备：作为一艘客轮，它是大西洋上最舒适的船只之一。

克森”号。不过它还是没能找到“阿拉巴马”号，1864年1月，“范德比尔特”号回到纽约接受维修。

攻打费舍尔要塞

9月，“范德比尔特”号离开纽约，前往加拿大的哈利法克斯，搜寻封锁线穿越船。但是没什么收获，于是11月，它便去了北卡罗来纳的威尔明顿部署封锁线。在那里，它参与了两次对费舍尔要塞的攻击。1865年1月底，“范德比尔特”号返回了纽约，在那里待到3月24日，然后开始往墨西哥湾运兵。后来，它在南卡罗来纳的查尔斯顿扣押了未完工的邦联撞击舰“哥伦比亚”号，并在5月份把它拖到了诺福克。接着，“范德比尔特”号又在6月份把“奥内达加”号从诺福克拖到了纽约，此后它便在朴次茅斯（新罕布什尔）的海军船厂用作服务船。战后，“范德比尔特”号断断续续地服役，直到1873年被卖掉。

南美洲东海岸、好望角、圣赫勒那岛、佛得角、加那利群岛、西班牙，还有葡萄牙。在西印度群岛的时候，它还担当了查尔斯 · 威尔克斯准将机动舰队的旗舰。

1863年2月25日，“范德比尔特”号在维尔京群岛的圣托马斯附近抓住了英国的封锁线穿越汽船“彼得霍夫”号。英国与美国政府之间产生了争议，主要关于这艘船上装载的邮件，直到亚伯拉罕 · 林肯总统下令将邮件归还英国，争议才得以解决。“范德比尔特”号还于4月16日在巴哈马群岛的埃莱夫塞雷岛海域捕获了英国的封锁线穿越船“格特鲁德”号，10月30日，在非洲的安哥拉派格纳港附近抓获了英国的三桅船“萨

技术参数：

排水量： 3048吨

主尺度： 101米×14.48米×5.8米

武器装备： 两门100磅线膛炮；12门228毫米达尔格伦滑膛炮

机械装备： 一台活塞行程3.6米的单缸发动机

航速： 14节

船员定额： 未知

联邦海军“万帕诺亚格”号（1863）

1863 年，联邦海军部长指出，需要建造拖船和大型铁甲舰，用来实施海岸警卫、解决海上争端，除此之外，他们还迫切需要一支快捷的巡洋舰队，这些船应该用木头建成，还得能在海上所向披靡，击毁敌方的商船和军舰。

为了应对商船袭击舰“阿拉巴马”号和“佛罗里达”号对贸易带来的威胁，联邦国会批准建造新一代的螺旋桨护卫舰，作为 1863 年海军购置计划的一部分。这些舰要有足够快的速度，要能搜捕行踪不定的邦联船只。“万帕诺亚格”号便是这一代超级巡洋舰里的领军者。

这次建造出来的船只形式不一，但当“万帕诺亚格”号最终建成的时候，它当之无愧成了美国海军及机械发展史上的代表性成就。这一代的船里还包括“爱达荷”号、“查塔努加”号、“马达沃斯卡”号、“Ammonoosuc”号和“Neshimany”号。

进齿轮。

虽然这批船大多船速很快，但这一型的舰只基本上算是比较失败的。为了提升航速，设计的时候在其他方面做了很多牺牲：船上发动机的重量就占了整个船近 30% 的排水量，留给煤、船员、补给和其他东西的空间少得可怜。而且又长又窄的船身也限制了适航性。

对于“万帕诺亚格”号那些备受争议的新特点，人们展开了激烈争论，这也延缓了它的建造进程，结果，它没能在内战中建好，没能发挥作用。1869 年，一个海军委员会批驳了这艘船，他们重点提到，同船身的长度相比，这艘船实在是太窄了。

在英美外交关系比较紧张的时候，“万帕诺亚格”号以及同批的其他船只让英国人感到十分的不安，他们担心这些船会威胁到英国商船的安全。英国海军于是开始研制威力更大的新一代的巡洋舰，他们的研究成果就是 1868 年建成的“百变”号。

设计缺陷

“万帕诺亚格”号在设计上有很多地方是在美国海军建造史上第一次出现的。为了提升航速，船体建得很长，还在横梁处变细，因此船的整体外形非常先进。船上的机械设备以齿轮传动蒸汽机为主，他们在这些慢速发动机上搭配了增速推

技术参数：

排水量：3823 吨

主尺度：108.2 米 ×13.7 米 ×6 米

武器装备：
十门 228 毫米达尔格伦滑膛炮；三门 60 磅帕罗特炮

机械装备：
两台水平布置带齿轮的蒸汽机驱动一个单螺旋桨

航速：17.5 节

船员定额：375 人

偷运舰

“玩笑者”号（1861）

“玩笑者”号是一艘木质外壳的螺旋桨拖船，由弗吉尼亚州在 1861 年 4 月买下，并被弗吉尼亚州海军征用服役，船长是 J. H. 罗谢尔上尉。弗吉尼亚州从联邦退出之后，“玩笑者”号加入了邦联海军，继续在弗吉尼亚州周围水域执行任务。后来在上尉 W. A. 韦布的领导下，它在 1862 年 3 月 8 日到 9 日的汉普顿港战斗中，做了“弗吉尼亚”号的补给船。

在这场持续七天的战役中，“玩笑者”号作为 19 世纪的“航空母舰”，为热气球驾驶者爱德华 · 波特 · 亚历山大中校提供服务。亚历山大把热气球“羚羊”号拴在“玩笑者”号的甲板上，然后升到空中，来观察联邦军的动向。7 月 4 日，正在马尔文山附近侦察的时候，“玩笑者”

武器装备：它的船头上配备有一门 32 磅炮和一门 12 磅线膛炮。

号在詹姆斯河中游的一片泥滩上搁浅。联邦军的“Maratanza”号攻击了这艘深陷泥潭的船，并在不久就俘获了它。这段小插曲给邦联军刚刚兴起的热气球行动画上了句点，威廉 · 布斯 · 托利弗准将哀叹道，“玩笑者”号一被抓，邦联军连最后的压箱宝也没了，抓捕“玩笑者”号是最下作的作战手段，我永远都不会原谅他们。

当年夏天，联邦海军征用了“玩笑者”号，把它派去了波托马克舰队，协助巡逻从弗吉尼亚州亚历山大市到南边马里兰州波因特卢考特之间的区域。在整个服役期间，“玩笑者”号的主要职责是拦截从弗吉尼亚到马里兰之间的走私。有时候，它也停下自己的任务，去协助其他方面的军事行动，比如 1862 年 12 月安布罗斯 · 伯恩赛德少将的弗雷德里克斯堡行动。

登陆部队

1863 年 4 月，“玩笑者”号离开了波托马克，到上将塞缪尔 · 李的北大西洋封锁舰队所在的汉普顿港执行任务。在沿诺福克西部的南西蒙河而上的途中，“玩笑者”号搁浅，船上的机器受损。夏天过了一半的时候，它又可以正常工作了，继续在波托马克搜捕走私船。1864 年 1 月 5 日，“玩笑者”号又一次参加战斗，它的指挥官菲利普 · 谢立敦代理少尉带领登陆部队，攻打了弗吉尼亚州的诺米尼，他们抓获了一艘驳船，捣毁了一艘小艇，还驱散了船上的邦联士兵。4 月份，在随船队沿圣玛丽河而上的途中，它还参加了另一场战斗。内战结束之前，它都在波托马克执行巡逻任务，6 月 2 日，它在华盛顿海军船厂退役，后来在一次公开拍卖会上被售出。

技术参数：

排水量： 58 吨

主尺度： 24.4 米 ×5.5 米 ×1.2 米

武器装备： 一门 32 磅炮；一门 12 磅线膛炮

机械装备： 蒸汽机

航速： 未知

船员定额： 25 人

邦联海军“A. D. 万斯”号（或“前进”号）（1863）

“A. D. 万斯”号原是明轮汽船“克莱德勋爵”号，1862 年建于苏格兰的格里诺克。在州长泽伦 · 万斯的赞助下，北卡罗来纳州花了 17.5 万美元将其买下。在约翰斯 · 威利的指挥下，1863 年 6 月 28 日，“A. D. 万斯”号来到威尔明顿，船上装载着纺织品、鞋类和梳棉机。

作为由政府管理的封锁线穿越战船，“A. D. 万斯”号有很高的工作效率。这引发了北卡罗来纳州与邦联中央政府的竞争，州长万斯非常乐见这一情况，并在各地推广。不过，在穿越封锁线运货这一领域，最激烈的竞争不是各州政府跟邦联中央政府之间的，而是私人船只之间的，他们通过运输那些需求量大的奢侈品谋得暴利，而这些东西对战事没多大帮助。

“A. D. 万斯”号成功进行了 20 次运输，直到 1864 年 9 月 10 日，“古巴圣地亚哥”号在威

封锁线快速战船：原本作为邦联军的封锁线穿越战船，被联邦军擒获后，它的职责转变为抓捕这些封锁线穿越战船。

尔明顿东北部的海上抓获了它，当时它正打算往欧洲运棉花。州长万斯把“A. D. 万斯”号的被擒归罪于使用了劣质的北卡罗来纳煤，他还指责海军部长斯蒂芬 · 马洛里把高效的无烟煤给了“塔拉哈西”号使用，结果导致“A. D. 万斯”号被擒。他抱怨道：“我真不明白，为什么我们这个州为了人民利益，为打仗的士兵提供物资，没有获得特殊优待，却只能拼命穿过封锁线。”

迅速转卖

很快，联邦海军就从拍卖法庭购得了“A. D. 万斯”号，它在10月28日开始服役，指挥官是少校 J. H. 厄普舍。船的名字也改为“前进”号。

“前进”号加入了北大西洋封锁舰队，在北卡罗来纳州威尔明顿沿海巡逻。她参加了对北卡罗来纳费舍尔要塞的第一次攻击，不过第二次攻击才是它大放异彩的时候，它掩护了部队登陆，还把火药和货物运上了岸。

战争胜利后，“前进”号被用来运送罪犯。接下来的两个月，它为舰队上的其他船只运送乘客、信件，后来它在3月14日被卖去了纽约，还曾短期地停止过服役。4月22日，“前进”号更名为“欢乐”号，并分配给了新成立的欧洲舰队。1877年，“欢乐”号退役。

技术参数：

排水量： 798吨

主尺度： 70米 ×7.9米 ×3.56米

武器装备：
四门24磅滑膛榴弹炮；一门20磅线膛榴弹炮

机械装备： 蒸汽机明轮船

航速： 12节

船员定额： 107人

联邦“救助者”号

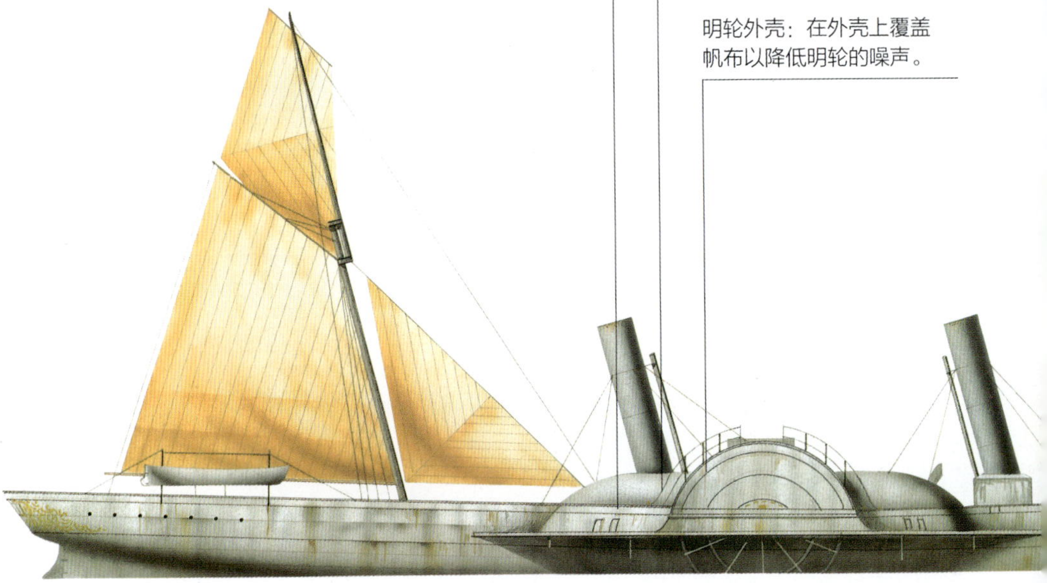

联邦海军“希望”号（1864）

随着战事蔓延，穿越封锁线对邦联军来说变得至关重要，为实现这一需求，从1864年起舷侧明轮船“希望”号和“兰姆上校”号开始了它们短暂的服役生涯。两艘船都接近85.8米长，登记的吨位是910吨，这几乎是大多数封锁线穿越战船的三倍。

“希望”号在1864年7月配备完毕，两个月后，“兰姆上校”号也准备妥当。随着联邦军的封锁线不断缩紧，“希望”号并没服役很久。在船长威廉 · 汉默的指挥下，“希望”号在7月底抵达了威尔明顿，船上的货物里包括两门150磅阿姆斯特朗大炮和两门12磅惠氏炮。很快，汉默就计划另一次航行，10月22日，“奥拉斯”号在追了“希望”号105千米后，将其抓获。军事法庭

船舱容积：锅炉前后的船舱都有宽敞的空间。

扎在托尔图加斯的联邦士兵运送牛，这个驻地在基韦斯特西边 120 千米处。后来基韦斯特指挥官威廉 · 法兰西少校在报道里单调地提到："联邦封锁，运牛停止"，他扣下了这艘船，供军需处使用。

他们用了"救助者"号三个月，给了麦凯 1000 多美元，但这段时间，海水腐蚀了"救助者"号的锅炉，它从此不能再出海了。后来，他们把"救助者"号还给了麦凯，但条件是麦凯不可以用这艘船帮助邦联军做事，也不能将船开到邦联的港口。麦凯于是把"救助者"号送到哈瓦那维修，不久以后，"救助者"号开始了它作为封锁线穿越战船的新旅程。

1861 年 10 月 14 日，"莫基州"号在托尔图加斯南边 32 千米的地方，发现了"救助者"号，它挂着英国旗帜，正试图穿过封锁线。"莫基州"号将其抓获，船上的货物琳琅满目，主要是咖啡和香烟，"救助者"号被送到了军事拍卖法庭，并于 1862 年 3 月 1 日售出。麦凯极力为自己辩白，说自己为邦联做事是形势所迫，他被关进了纽约拉菲特堡，直到 3 月 8 日法庭下令将其释放。

把它当作战利品卖给了私人，1865 年 1 月 11 日，"希望"号更名为"萨凡纳"号。

联邦"救助者"号

"救助者"号刚开始建的时候叫"M.S. 佩里"号，詹姆斯 · 麦凯于 1859 年将其买下，作为打捞船在佛罗里达使用。麦凯从苏格兰的瑟索移民到美国，在密苏里州的圣路易斯和阿拉巴马的莫比停留后，去了佛罗里达州坦帕。在去坦帕之前，麦凯通过商业投机，获利颇丰，不久，他就以当地名流及企业家自居。因为这里没有太多的打捞工作给"救助者"号，雄心勃勃的麦凯开始给驻

"希望"号技术参数：

排水量： 910 吨

主尺度： 85.8 米 ×10.7 米 ×2.4 米

武器装备： 未知

机械装备： 垂直布置直接传动发动机

航速： 8 节

船员定额： 未知

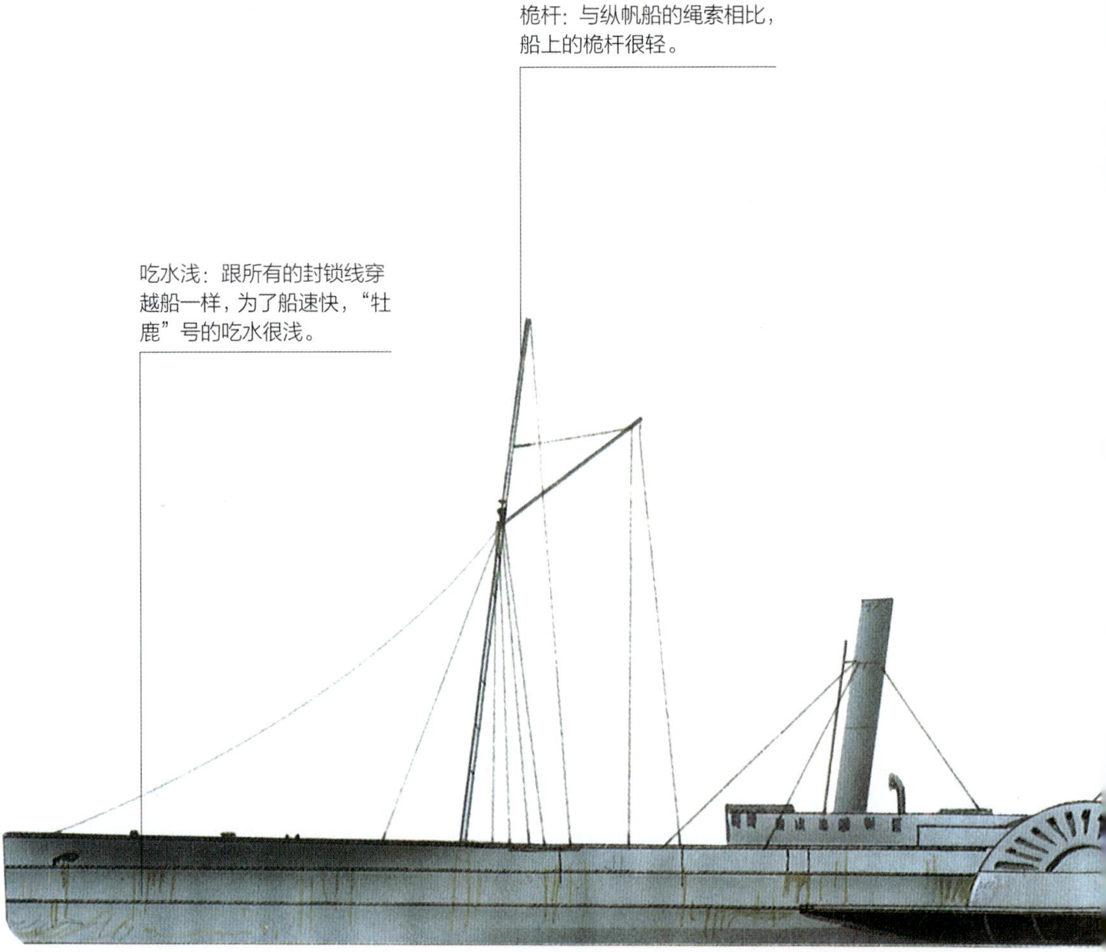

“牡鹿”号（1864）

邦联政府在欧洲的代表詹姆斯 · 布洛克中校一直不遗余力地向人们宣扬他的构想，他说为了能够穿越封锁线，邦联海军必须要配备快速、吃水浅的船只。为了达成这一构想，他先购进了一批舰艇，其中包括“猫头鹰”号、“蝙蝠”号、“牡鹿”号和“梅花鹿”号。后两艘船比前两艘稍微小一点，是为得克萨斯州和佛罗里达州的浅水区量身定制的。

这些船在装载着 750 包棉花、煤和其他货物时吃水仅为 1.5 米深。“牡鹿”号是一艘钢制的明轮汽船，布洛克跟琼斯 – 奎格公司签订的建造合同，这家公司又把建造这艘船的项目分包给了利物浦的宝德 – 山福尔公司。邦联用棉花支付了造船费用，公司收到后，把“牡鹿”号送到了邦联手中。

1864 年 8 月，在英军上校 J. M. 伯格兹的指挥下，“牡鹿”号从莫西河起航。它经过百慕大，在 12 月 4 日抵达北卡罗来纳州的威尔明顿，邦联海军的理查德 · 盖尔上尉接替伯格兹成了指挥官。人们曾把它和另一艘“牡鹿”号混淆，后者是在格拉斯哥建造的，1864 年 9 月，这艘船穿过封锁线到了南卡罗来纳州的查尔斯顿，后更名为“凯特 · 格林”号。

在联邦军第一次炮轰费舍尔要塞的时候，“牡鹿”号逃离了欧德湾，前往拿骚。“牡鹿”号回来的时候，船上装了武器、毛毯、鞋子和其他物资，它想要在 1865 年 1 月 10 日穿越威尔明顿的封锁线。当时，联邦军已经发动了第二次进攻，成功占领了费舍尔要塞，整个地区已经牢牢掌控在联邦军的手中了。

香槟庆祝

“牡鹿”号和“夏洛特”号无意间回应了联邦军舰打出的信号灯，它们还停泊在费尔角河的马尔文附近，丝毫都没有怀疑自身的安全。当“牡鹿”号意识到自己的错误之后，它抛掉了一些货物，然后想要逃走。最终，它挨了封锁舰三炮，跟“夏洛特”号一起，轻而易举地被抓到了。

“夏洛特”号上有五名英国乘客，其中一个还是英军军官。他们跟抓到自己的人说，这次航行只是“为了好玩”，联邦军登上船的时候，他们正在喝香槟酒来庆祝安全抵达呢。

“牡鹿”号被送去了波士顿的拍卖法庭，卖给了私人，并更名为“季诺碧亚”号。

技术参数：

排水量：未知

主尺度：70 米 ×7.92 米 ×2.3 米

武器装备：未知

机械装备：蒸汽机明轮船

航速：16 节

船员定额：未知

潜艇

邦联海军“先驱”号（1862）

1862 年 3 月，罗伯特 · 巴罗、詹姆斯 · 麦克林托克，还有巴克斯 · 沃森在新奥尔良为“先驱”号申请了一张抓捕其他船只的许可证。这艘潜艇是由 6.35 毫米厚的铁板铆接而成的，这些铁板是用旧蒸汽机锅炉切出来的，船体由一个曲柄驱动。“先驱”号上可以搭载两人。

在内战结束后的一次采访中，麦克林托克描述道，“先驱”号长 9 米，潜艇中部圆柱形的部分有 3 米长。圆柱形的两头是圆锥形的船头和船尾，潜艇整体呈雪茄形。潜艇的指挥塔上方有供人进出的洞，船的两侧有镶着圆形的玻璃小窗。船上的武器是一枚发条水雷，装在潜艇上方，攻击时，

拿用高硬度钢制成的尖螺丝钻把水雷固定到敌舰的底部。艇上的指挥官是 J. K. 斯考特。

“先驱”号的抓捕许可证的申请上要求“授权该船以新奥尔良政府的名义巡航公海、海湾、河流、河口等地，并帮助新奥尔良政府驱逐敌舰、抓捕或捣毁任何参与反对邦联或与邦联各州作战的船只”。内战结束后，麦克林托克说“先驱”号在试验阶段曾几次潜入庞恰特雷恩湖，并且捣毁了一艘小型纵帆船和几艘小艇。不过，“先驱”号从没上过战场，1862 年 5 月，大卫 · 法拉格特上将攻占新奥尔良后，人们为了不让它落入联邦军手里，便把它凿沉了。

“先驱”2 号

贺瑞斯 · 亨利是“先驱”号的担保人之一，在“先驱”号沉没后，他和麦克林托克还有沃森一起去了阿拉巴马的莫比尔湾，继续他们的潜艇实验。人们一般把这次试验建造出来的潜艇叫作“先驱”2 号。“先驱”2 号可以乘坐五人，还增加了一个梁端水雷，它在 1863 年 2 月中旬沉没于莫比尔湾的摩根要塞。

人们曾以为在新奥尔良的路易斯安那州博物馆里展出的一艘潜艇的残骸就是“先驱”号的。但是，博物馆认为馆内的潜艇跟“先驱”号并不是同一艘。博物馆里这艘潜艇的名字依然无人知晓。

技术参数：

主尺度： 9 米 ×3 米

武器装备： 一个发条水雷

航速： 未知

船员人数： 2~3 名

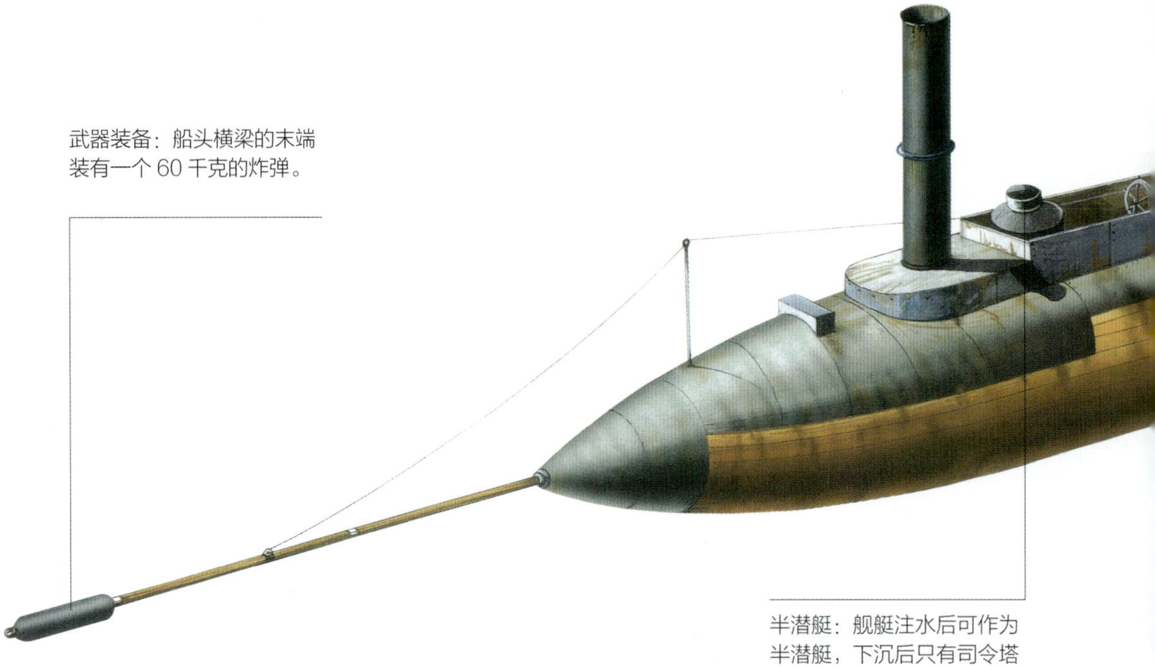

邦联海军“大卫”号（1863）

“大卫”号作为早期的半潜艇，是被设计为可以在水面航行，也可以沉在水中作业。它的船身呈雪茄形，一根横梁从船头伸出，梁端上带着一个炸弹。它由朱利安 · 拉夫纳尔博士设计，在库珀河的斯东尼平台建造。

虽然“大卫”号的设计和建造都是由私人完成的，它最后还是归在了邦联海军的管辖之下。“大卫”号至少发动了三次针对联邦舰只的袭击。

“大卫”号发动的第一次袭击是在 1863 年 10 月 5 日晚上。在上尉 W. T. 格拉塞尔的指挥下，“大卫”号溜进了查尔斯顿港，然后偷偷靠向联

发动机：该艇由蒸汽机驱动。

邦“新铁军”号，人们发现它时，它离这艘船只有 45 米了。“新铁军”号向它开了火，格拉塞尔一边用猎枪还击，一边发起了攻击，在铁甲舰“新铁军”号右舷下方引爆了水雷。爆炸激起的水柱浇在了“大卫”号上，结果熄掉了艇上的锅炉。

因为发动机熄了火，“大卫”号只能任由“新铁军”号的小口径火炮攻击。格拉塞尔以为“大卫”号要沉了，便和其他两位船员弃船而去，但是领航员 W. 坎农因为不会游泳，只能留在艇上。助理工程师 J. H. 托姆见“大卫”号依然没有沉，就游了回去，爬到船上。托姆成功地重新点火，让船的发动机再次开动起来。坎农开着“大卫”号沿海峡而上，到了安全地带，而格拉塞尔和船上的锅炉工西曼 · 苏利文却被擒了。

袭击“孟菲斯”号

“大卫”号有可能在接下来的四个月中发动了其他几次攻击，其中有明确记载的是 1864 年 3 月 6 日袭击南卡罗来纳州北埃迪斯托河上的“孟菲斯”号那一次。“大卫”号两次向该舰发射了水雷，但作用都不大。“孟菲斯”号以重炮反击，逼得“大卫”号撤回到河上游的安全地带。“孟菲斯”号在这次袭击中没受到损伤。“大卫”号最后一次确定的战斗是在 4 月 18 日袭击“华巴希”号。不过因为岗哨警觉，这次袭击无功而返，因此两艘船都毫发未损。

当时有好几艘船跟“大卫”号很相近，人们用“大卫”这个名字来称呼其中的任一艘。在内战接近尾声的时候，联邦军抓到了几艘“大卫”船，“大卫”号可能也在其中。无论如何，“大卫”号最后的结局究竟如何，没人知道。

技术参数：

主尺度： 15 米 ×1.8 米 ×1.5 米

武器装备： 一个 60 千克的炸弹

航速： 未知

船员定额： 4 人

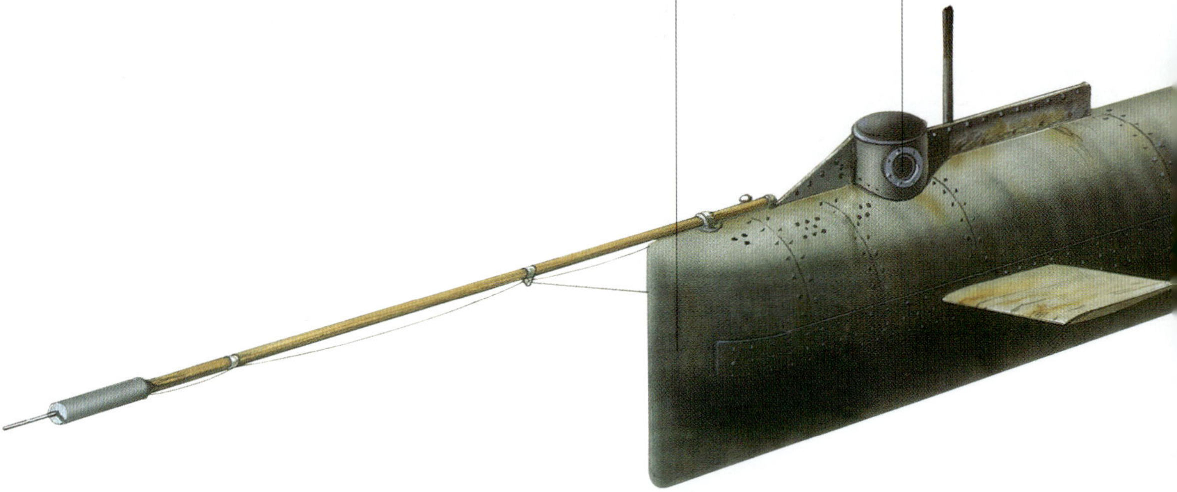

邦联海军“亨利”号（1863）

1863 年春天，在两位邦联军工程师、威廉 · 亚历山大上尉和乔治 · 迪克逊上尉的指挥下，潜艇“亨利”号在亚拉巴马州莫比尔的帕克－里昂机械厂秘密建造。“亨利”号的建造是基于“先驱”号建造者贺拉斯 · 亨利，詹姆斯 · 麦克林托克以及巴克斯 · 沃森的设计。

在莫比尔湾试航成功后，负责指挥查尔斯顿防守的皮尔斯 · 古斯塔夫 · 图唐特 · 博勒加德将军，要求将“亨利”号运过来，以期盼它能消灭掉几艘封锁港口的联邦军舰。1863年8月15日，两节敞篷火车厢把“亨利”号运到了查尔斯顿。

“亨利”号的长度是 12 米，宽度是 1 米，舱内的高度为 1.2 米。船的主体是由蒸汽机锅炉改建成的，把蒸汽机锅炉纵切后，又加上了一条 3.66

动力：该船由 9 名船员人工驱动，其中 8 名推动螺旋桨，1 名掌舵。

米宽的钢条，来增加潜艇的高度。然后再给蒸汽机锅炉安上尖船头和船尾，因此“亨利”号的形状看起来像根雪茄。

“亨利”号设计的船员定额是 9 人：1 人来掌舵，另外 8 人手推曲柄轴带动螺旋桨来驱动潜艇。尽管“亨利”号沉没了两回，让 13 名船员溺水而亡，其中还包括亨利本人，还是有英勇无畏的志愿者前来组成了第三批船员。1864 年 2 月 17 日晚上，这些船员开着“亨利”号，逼近了联邦的单桅螺旋桨船“胡萨托尼克”号，这艘船的吨位是 1754 吨。“胡萨托尼克”号发现了“亨利”号，用小口径火炮朝它开火并试图逃走，但为时已晚。“亨利”号引爆了 60 千克重的炸弹，“胡萨托尼克”号成了在海军战争史上第一艘被潜艇击沉的船只。然而，炸弹爆炸很可能也伤及了“亨利”号，它在返回岸边的途中沉没。艇上的所有船员无一幸存。

打捞残骸

1995 年，人们在沙利文岛海域发现了“亨利”号的残骸，2000 年，人们将其打捞上来。现在，“亨利”号在北查尔斯顿海军基地旧址上新建的沃伦拉西保护中心展出。1999 年，人们在翻新赛塔德洱的约翰逊 · 哈古德足球场时，发现了一块早已被遗忘的邦联墓地，其中有四具遗体属于“亨利”号的第一批船员。在打捞“亨利”号时找到的八具船员遗体，于 2004 年在查尔斯顿的木兰花公墓，以隆重的军礼下葬。

技术参数：

主尺度： 12 米 ×1 米 ×1.2 米

武器装备： 一个梁端炸弹

航速： 2.5 节

船员人数： 9 人

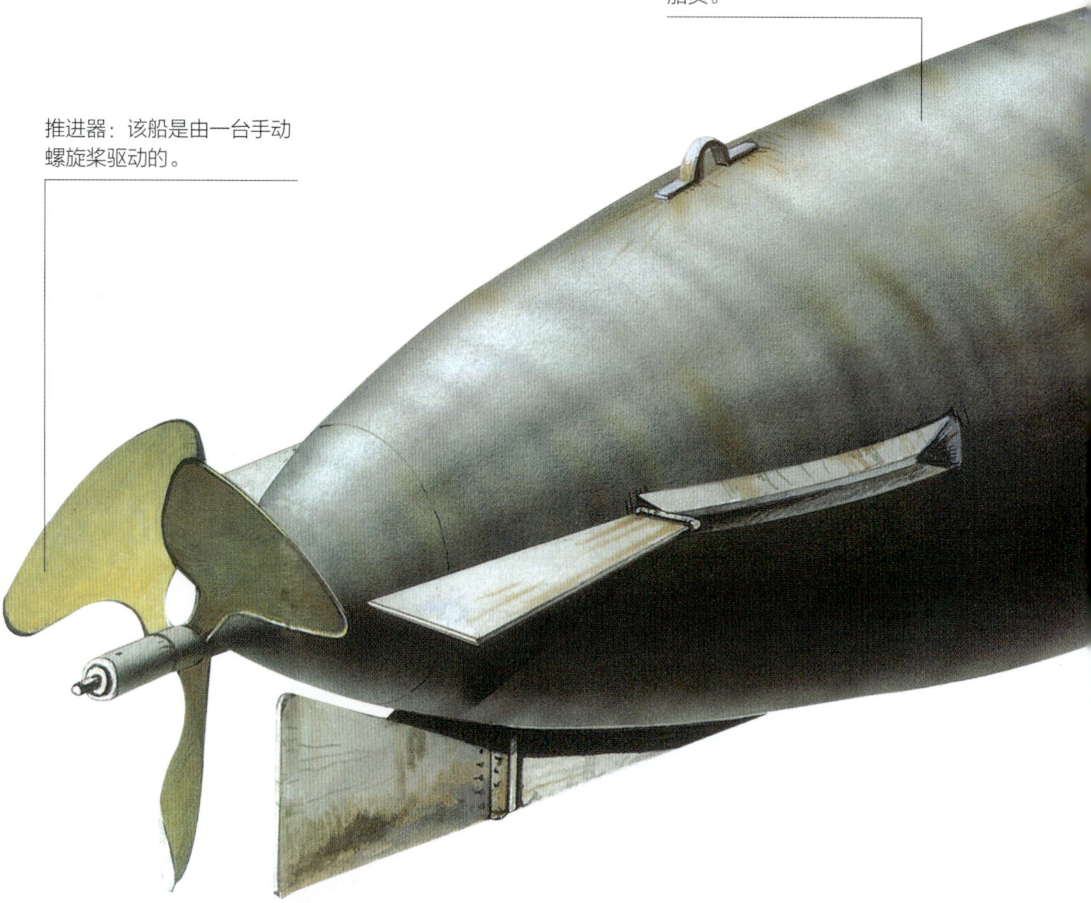

联邦海军“灵鲸”号（1863）

内战时期，邦联海军使用潜水艇比较频繁，因为他们需要这一强有力的工具来抗击联邦军对他们的封锁。不过，联邦海军的塞缪尔 · 杜邦上将和指挥查尔斯顿封锁线的约翰 · 达尔格伦上将都希望自己一方能够开发制造潜水艇。为此，他们试着建造了两艘潜艇：“鳄鱼”号和“灵鲸”号。

首先建造的是“鳄鱼”号，因为他们得知邦联军正在把“梅里马克”号改造成铁甲舰，为了应对这一威胁，“鳄鱼”号应运而生。1861 年 11 月 1 日，联邦军签署了建造潜艇的协议，因为情势所迫，这艘船必须在 40 天内完工。这样短的时间显然是非常不现实的，直到 1862 年 6 月 13 日，潜艇才交付到联邦海军手上。

潜艇随即被派去支援乔治 · 麦克莱伦少将发

水泵：该船是靠向水舱内注水来完成下潜的，靠水泵和气压将水排出，然后上升。它可以在水下停留约 10 个小时。

动的宾夕法尼亚战役，但是战役指挥官约翰 · 罗杰斯找不到适合这艘潜艇的任务，为了防止潜艇落入敌手，他请求将“鳄鱼”号送回汉普顿港。后来，潜艇回到华盛顿海军船厂，进行新的一些测试，人们逐渐发觉，建造该潜艇是一个失败之举。尽管如此，杜邦还是觉得在查尔斯顿能用得上这艘潜艇，于是1863年3月31日，他命人开始将“鳄鱼”号拖送过来。4 月 2 日，潜艇因糟糕的天气状况而沉没。

球形舰艇

第二艘联邦军潜水艇便是“灵鲸”号，依照斯科维尔 · 梅利亚姆的设计，由美国潜艇公司在新泽西州的纽瓦克建造。该潜艇可以向水舱内注水来完成下潜，然后靠水泵和气压将水排出。球形的船体能容纳 13 名船员，不过开船只需 6 人即可。潜艇内的空气足够船员在水下停留 10 个小时，船的航速可以达到 4 节左右。

因为法律原因以及招不到船员，“灵鲸”号迟迟没有投入使用，所以它没能在内战中派上用场。1866 年 4 月，准将托马斯 · 威廉 · 斯维尼进行了试航，他穿着潜水服游出潜艇，在一艘目标船上投放了炸弹，然后又返回艇内。潜艇驶出安全距离后，斯维尼通过导索引爆了炸弹，炸毁了目标。

虽然这次试航取得了成功，但是人们还是将“灵鲸”号看作“带来不幸的约拿”，因为它曾经沉没了三次，使船员们溺水身亡。最终，联邦海军还是搁置了这一项目，现在，“灵鲸”号在新泽西州吉尔特的新泽西州国民警卫队民兵博物馆展出。

技术参数：

主尺度： 8.74 米 ×2.1 米 ×2.7 米

武器装备： 不适用武器

航速： 4 节

船员定额： 6~13 人

大揭秘系列
及其他引进图书

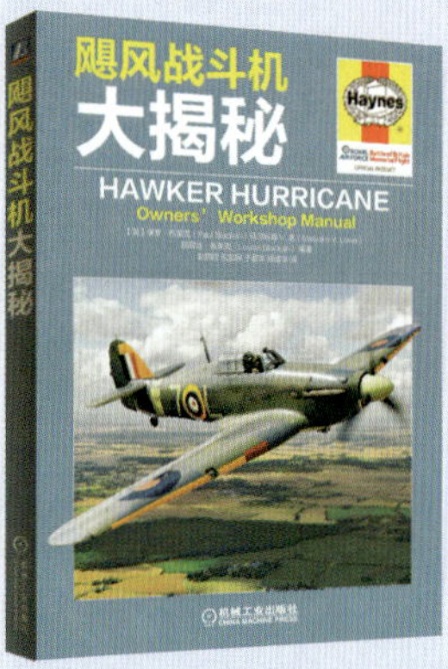

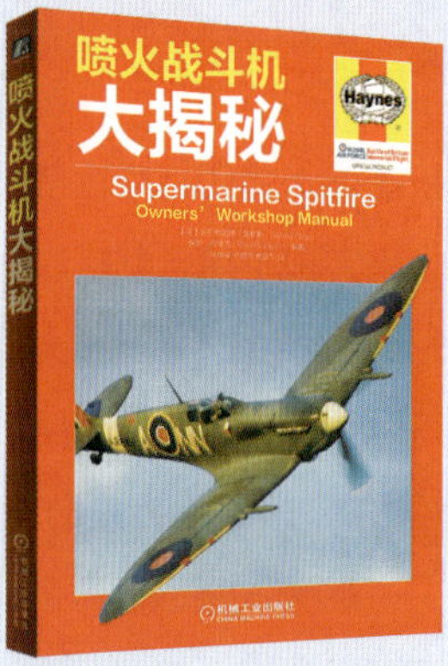

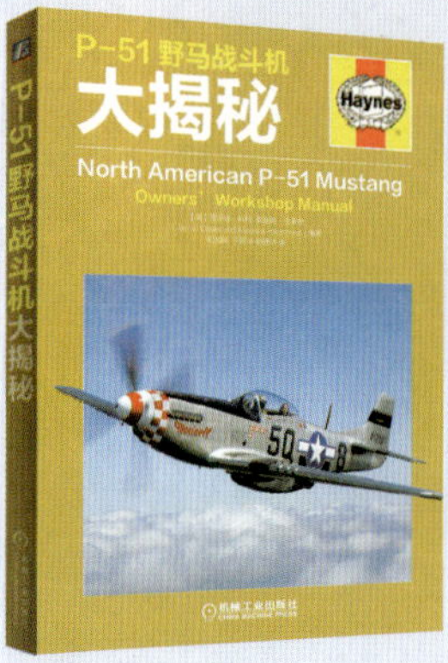

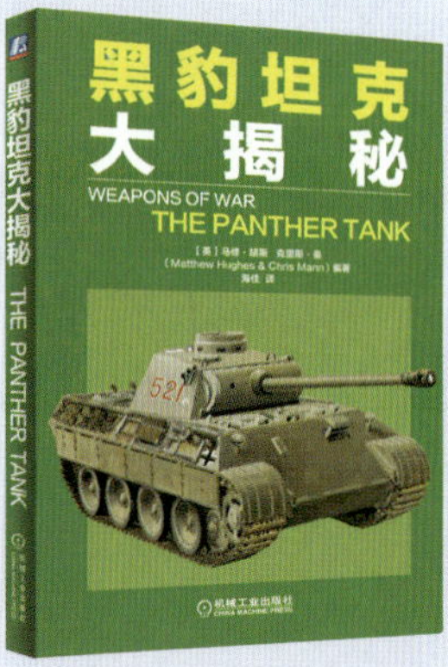